激发·共构·整合
——城市街区活力营建

张　芳　著

中国建筑工业出版社

图书在版编目（CIP）数据

激发·共构·整合：城市街区活力营建 / 张芳著
. —北京：中国建筑工业出版社，2022.5（2023.11 重印）
ISBN 978-7-112-27259-4

Ⅰ.①激…　Ⅱ.①张…　Ⅲ.①城市道路—城市规划—
研究—中国　Ⅳ.① TU984.191

中国版本图书馆 CIP 数据核字（2022）第 054920 号

随着城镇化进入"后半程"，城市建设的重点由向外扩张转向内部更新，由量的拓展转向质的提升，街区在"城市—街区—要素"的互动中处于重要的中间层级，研究其活力营建对于城市的有机、有序发展具有重要意义。在我国街区更新重构和活力营建中，针对实体要素的操作受到多方面制约与挑战：理论支撑的系统性、国情地域的特异性、涉及问题的复杂性、操作的可行性。从外部空间切入街区的更新重构和活力营建，以科学分析引导精准化操作具有多重优势，可由点及面推进城市可持续发展，具有深远的社会意义。

本书可供从事建筑设计、城市设计、城市规划的人员参考，也可供相关专业技术人员、专业教师与学生学习。

本研究受以下项目资助：
①国家自然科学基金项目"城市小街区重构中的外部空间多变量数字化分析与评价——以长江三角洲地区为例"（项目编号：51808365）
②国家自然科学基金项目"数字化视野下的江南水网地区城市滨水用地规划研究"（项目编号：51408388）
③国家自然科学基金项目"新城镇化进程中城市生长点形态与模式研究"（项目编号：51348006）
④"十三五"江苏省重点学科（建筑学）
⑤江苏省优势学科建设项目

责任编辑：滕云飞
责任校对：张惠雯

激发·共构·整合——城市街区活力营建
张　芳　著
＊
中国建筑工业出版社出版、发行（北京海淀三里河路9号）
各地新华书店、建筑书店经销
北京点击世代文化传媒有限公司制版
北京中科印刷有限公司印刷
＊
开本：787 毫米 ×1092 毫米　1/16　印张：15　字数：258 千字
2022 年 3 月第一版　2023 年 11 月第二次印刷
定价：**65.00**元
ISBN 978-7-112-27259-4
（39101）

PREFACE
序

　　城市设计是介于城市总体规划与单项规划中的指导性、控制性、实施性的一种设计。

　　城市发展问题可以分成几个层面，即：

　　1. 城市化与城市形态

　　2. 城市形态与城市规划

　　3. 城市规划与城市设计

　　4. 城市设计与建筑设计

　　建筑学的量化、科学化的分析已经成为城市设计研究的重要趋势，只有对城市研究引入数字化，才能使我们的学科科学化、可持续化得以发展。

　　街区是城市活力的基本单元，也是城市设计的技术工具，关系到城市的社会效率。当今，我国城市已经进入存量更新阶段，大拆大建的建设行为会对城市的肌理、形态、活力造成破坏；从城市外部空间入手，采取科学化的分析、精准化的引导，对城市的有机发展具有深远意义。

　　张芳博士关注城市的有机发展问题，博士期间研究了城市生长点的机制与模式，工作后聚焦到了城市的街区活力上。她结合地域进行探索，积累了很多资料集结成书，讨论了城市街区活力营建的"激发"、"共构"、"整合"的路径，为城市可持续发展提供科学参考。

2022 年春于南京鼓楼

前　言

　　数字化时代的数据和平台优势，为分层剖析复杂的城市问题提供了可能。在"城市—街区—要素"的多层级互动的基础上，立足地域特点构建数字模型，可系统剖析街区空间与街区活力之间的复杂作用机制，探索影响城市更新重构和活力营建的关键要素，模拟展示可能操作前、后的系统对比；可针对不同性质的街区营建提出设计方法及政策建议，为城市活力激发、街区更新、街区重构提供新的思路。

　　街区自诞生之初就具备了连接城市物质结构与社会生活的意义，被誉为"城市的基本活力单元"，在城市的"空间—社会"系统中具有承上启下的作用。其中公共空间是活力的直接发生地与载体，因此，针对公共空间的操作，对系统整体活力的营建具有自下而上的作用。此外，公共空间在城市内部更新进程中具有低冲击性等诸多优势，并可在精准化的引导下激活城市自组织作用并形成规模效应，有助于推进更大范围的有机更新。因此，在"城市—街区—要素"有机互动的基础上，可从外部空间切入并对其进行科学引导，通过数字化分析作为科学支撑，系统推进街区的可持续活力营建。

　　为了更好地理解数字化分析助力活力营建的过程，本书从街区的基本概念与相关理论出发，梳理城市"局部—整体"的互动作用机制，探索微观、中观、宏观不同层面的活力激发、新旧共构、格局整合的方法与途径，并立足地域选取典型样本进行探索性试验，为城市的有机、有序发展提供科学参考。

　　首先，关注街区的地域和人文特点，从活力的概念入手，梳理近现代城市研究对活力的认知与测度，基于"空间—行为"的互动和"空间—文化"的共构，探索江南地区特色街区（滨水街区、历史文化街区）活力的影响要素；其次，针对城市更新中在空间、肌理、功能、形式等多方面新旧"拼贴"的现象，尝试利用互联网平台和多元数据补充传统调研的不足，采用科学分析与评价方法，探索更新与保护之间的平衡；最后，从城市的系统性、整体性出发，分析城市发展中以水为代表的外部空间要素对城市格局整合与重构的推动作用。立足地域特点发掘现代城市中适用于格局整合重构的操作手法，选取典型样本街区，构建科学模型发掘外部空间要素，量化展示可能操作后的街区的空间结构变化，为街区的开放性营建、小尺度营建提供科学参考。

　　活力营建涉及复杂城市要素的多元互动，分析其主要影响因素与作用机制是一个繁复而系统的过程，虽然借助了数字化平台，但是依然面临着大量无序的细枝末节的梳理工作。不仅需要研究理解城市"局部—整体"的作用机制与原理，还需要基于街区地域人文特点构建适宜的研究体系，展开实地调研以便验证。在 2014 年主持立项的国家自然科学基金项目"新城镇化进程中城市生长点形态与模式研究"的支持下，笔者进行了非常繁复的资料整理与理论梳理，仔细思考城市局部与整体的互动关系，为本书的最初构架形成提供了思路；在 2017 年主持立项的国家自然科学基金项目"城市小街区重构中的外部空间多变量数字化分析与评价——以长江三角洲地区为例"的支持下，笔者组建研究团队，在此基础上指导研究生和本科生研究团队获得省级科研立项 5 项，针对性地开展了一系列城市调研与探索性分析。这些积累为本书初稿的写作及最终成熟提供了重要的支持；在此过程中，调研分析一度受到疫情影响，书稿也经历了反复调整修改，期间也曾疑惑、动摇，但在老师、朋友、家人的支持下，最终成书。但由于认知局限和时间仓促，难免疏漏，还望得到读者和诸位专家的批评指正。

　　愿以此书抛砖引玉，引起各方有识之士的关注，参与推进城市的有机、有序发展。

CONTENTS

目　录

1

街区

城市街区是城市的基本活力单元，是城市设计的基本载体，连接城市物质结构与社会生活。其活力营建的开展，需要在了解其概念与意义的基础上寻找适宜的切入点；梳理城市街区在尺度、结构、认知评价、更新方法等方面的研究与实践，可以发现城市街区演化的路径与趋势，为立足国情地域特点，探索街区营建的方向、切入方式以及科学支撑提供依据。

1.1 城市中的街区

城市是一个精密而紧凑的系统，是各种信息、物质、能量的载体和聚合体，在宏观和微观、内部与外部、物质与非物质的多重构成中呈现出复杂性、多样性、包容性、有机性的特点。街区作为城市的基本单元，在"城市—街区—要素"的系统中起到承上启下的作用，而外部空间作为街区社会活动的载体，对街区的活力营建具有重要意义。

1.1.1 街区的概念与意义

（1）概念

《牛津现代英汉双解词典》对"街区"的释义为"通常为四边形围合的城市空间，而这种空间是被道路（街道）围绕的并拥有建筑物或为建造建筑而提供的场所"[1]。在西方国家如美国，人口普查的最小颗粒度也是街区，每一项人口普查内容都可以按照街区来进行统计，因此，在人口统计学中，街区可以被称为人口统计街区。中国工程建设标准化协会出版的《绿色住区标准》，将"城市街区"定义为："在城市中由城市街道围合成的区域称之为街区，通常以一个居住组团为单位。街区是城镇居民生活和邻里交往的一个基本单元，是城市生活价值的集中体现。"可见，在城市中，街区不仅是一个范围的城市建筑及其外部空间，在空间物质属性与社会人文层面具有更广泛的意义。

---

[1]（英）汤普森 . 牛津现代英汉双解词典 [M]. 外语教学与研究出版社，2005。

（2）物质空间属性

在物质空间层面,街区具有明确的空间范畴,如被河流等天然界面限定,或被道路、广场等公共空间及绿化等人工要素划分,在城市肌理中可以被明确地识别界定;人口统计街区往往借助其他一些自然特征或人文特征来进行街区的划分与分割,例如行政边界、河流、湖泊、铁路、山脉、悬崖等。在现代城市体系中,街区被视为由城市街道或者道路红线围合而成"城市用地集合",涵盖建筑、外部空间、绿化、设施等多层内容;在现行规划控制体系中,街区的概念与控制性详细规划单元之间存在较高的重合度,在实际操作中往往将街区视为城市框架之中的用地单元并可被赋予相应的开发建设指标。在"城市—街区—要素"的体系中,街区处于重要的中间层级,具有承上启下的意义:向内,涵盖了一定范围内以街道、地块及建筑为主的多种要素及其空间系统;向外,通过道路、开放空间、绿化等联系其内部地块与外部城市空间,是内部建筑物的"承载体"[2]。在"正负共构"的城市肌理中,街区作为基本单元,其"正形"如实体的建筑物、构筑物等与"负形"划分要素如道路、广场、河流等共生共构,共同被使用者所感知。因此,对街区的相关研究不仅要关注其实体"正形",更要关注其城市肌理形成、尺度划分的"负形"要素。

（3）社会人文内涵

街区不仅是城市空间物质层面的区域范围,更体现了人类基于共同的社会生活、思想认同而产生的社会空间集聚,是人们在复杂城市生活中进行交往、活动的共同片区;街区具有社会人文属性,其内在凝聚力与活力受诸多非物质性要素影响,体现在社会、文化等在街区构成中的表现,如法国巴黎的拉丁区[3]、中国城等。城市的公共开放空间、道路、广场等"负形"要素,除了承载城市建筑物等"实体"要素、共同构成城市肌理外,往往作为公共活动的主要载体而具备更多的公共意义。如城市道路作为划分街区最典型的边界要素之一,是诸多城市社会活动发生的必要条件,需要在城市街区的活力营建中予以重视。

---

[2] 对街区的研究,不仅要包括街道、地块及建筑要素,更需关注三者之间相互关联、共生共构的关系。

[3] "拉丁区"的由来:早期这里居住的多数是来自意大利北方的知识分子,他们讲的语言和意大利语不同,属于拉丁语系,因此被称为"意大利拉丁区",到了文艺复兴时期,巴黎大学生受意大利文化影响很大,说拉丁语成为一种风尚,到17—18世纪,这里开设的大学更多,聚集的知识分子也更多,说拉丁文、写拉丁文的现象更加普遍,逐渐形成了后来人们口中的"拉丁区"。

1.1.2　外部空间

（1）外部空间相关概念

①外部空间

日本现代主义建筑师芦原义信从建筑师的角度，将外部空间定义为"由人创造的有目的的外部空间"，赋予了其空间构建的人为性和积极性[4]，指出"外部空间建立起从框框向内的向心秩序，在该框框中创造出满足人的意图和功能的积极空间"，并指出设计要对建筑没有占据的"逆空间"也给予同样程度的关心，即把"建筑周围作为积极空间设计，或者说把整个用地作为一座建筑来考虑设计，这是外部空间设计的开始"。

②公共空间

公共空间自产生以来就具有"物质"（空间）和"社会"（活动）的双重意义。在早期的人类聚居发展中，各部落或成员群体出于公共活动和社会功能的需要，往往在聚居处的中心部位设置可以承载公共活动的空地、空场（如设有标志物或图腾柱的空场），以满足欢聚、庆祝、仪式等需要，这些场地是被准确实证的、人类社会中开放空间的雏形。随着城市的产生和发展，城市中心往往被拓展出广场和集市等空间，以承载城市居民的主要活动。

《环境心理学》一书把"公共空间"定义为："围绕着城市居民，并影响城市居民的'行为活动'的建筑外部环境。"培根在《城市设计》中指出，"公共空间的质量通过空间的形态、材料、颜色等物质要素不同的组合方式所构成"。公共空间及其构成要素在城市中具有不同的"场力"，影响人的行为，形成不同的功能特性，从而赋予城市空间内容和特性。

③开放空间

广义的开放空间内涵丰富，具有社会和自然的双重含义，并随着城市研究的深入而逐渐完善。开放空间涵盖城市中完全或基本没有被人工构筑物覆盖的空地、水域及其上面所覆盖的特性如阳光和空气等。

1906年，英国《开放空间法》将"开放空间"定义为："任何围合或是不围合的用地，其中没有建筑物，或者少于二十分之一的用地有建筑物，而剩余用地用作公园和娱乐，或者堆放废弃物，或是不利用。"1961年美国《房屋法》将"开放空间"定义为："城市区域内任何未开发或基本未开发的土地，其具有公园和娱乐价值、土地及其他自然资源保护价值、历史

---

[4]　这里的积极意义指对人有较强的吸引力，会使人产生向心集聚感。

和风景价值。"

④公共开放空间

在我国，公共开放空间一般指建设用地范围内在建筑物内部或外部开辟出全天开放、供公众使用的室外场地。公共开放空间应与建设用地周围的城市空间密切联系并成为有机的整体。城市开放空间的使用权是面向一般市民的，与之对应的概念是非公共开放空间，其"公共"具有"公用"之意；在具体建设中，公共开放空间必须符合相关的标准与准则[5]。

根据公共开放空间的定义，其一般包括城市公共开放空间和用地单位在建设用地范围内开辟的公共开放空间。城市公共开放空间的分布与规模应结合相应层次的城市规划来协调确定，其分布、规模、尺度因受地域自然条件影响而存在较大分异。本研究以城市街区为主要研究对象，因此所提及的公共开放空间皆以城市公共开放空间为主要讨论对象，包括公共绿地、城市水体、城市广场、建设用地范围内的公共开放空间等。

⑤消极空间与积极空间

芦原义信在对外部空间的研究中，创造性地提出了消极空间（N-Space）和积极空间（P-Space）的概念，指出消极空间是"离心性"的，具有无目的性、无向心性、无明确边界、无主要的活动主题等特征；积极空间是"向心性"的，能满足人的意图和功能，可引导社会交往和激发社会活动，有确定的空间边界与良好的图底关系，有收敛性，空间的形式、内容、性质全面且丰富。城市街区的活力营建，可通过对积极空间的构建和对消极空间的改造来展开。

（2）外部空间的性质特点

①形态

芦原义信指出外部空间与围合要素紧密相关，"与无限伸展的自然不同"，是"人为地在自然当中由框框划定空间从而创造有目的的外部环境"，我国学者陈志高等也指出外部空间具有形态的完整性，均关注到城市"虚实相生"的特点，并指出"计虚当实"地从城市正负共构的特点来营建外部空间。

②秩序

城市系统中，不同性质的空间存在共构、过渡、关联、碰撞的关系，因而具有一定的秩序；其中"外部空间—半外部空间—内部空间""公共空间—半公共空间—私密空间"等（如"城市道路—居住小区—住宅"）有机

---

5 参见百度百科

共构，是建立在空间领域感之上，是空间秩序内部物化的表现[6]。芦原义信提出利用加法与减法建立外部空间秩序，前者从内部建立与建筑的离心式秩序，后者从外部建立与建筑的向心式秩序。

③性质

外部空间作为城市的构成要素，受城市系统的巨大性、系统性、复杂性影响，并与城市要素存在相互作用力；城市系统的外部空间、各类型构成要素相互作用形成整体系统，并向内形成自己的作用机制。整体系统在满足城市使用者总体的公共交往活动需求和形成城市整体的公共交往活动满足评价方面，具有决定性和总体性的作用。

外部空间的秩序性、层次性、多样性，对城市的活力营建具有重要意义，可支撑城市居民不同层级的行为活动。城市街区中良好的外部空间秩序应该拥有一定的秩序与层次性，既有具有一定隐私性的空间，可满足使用者在一定空间范围内的独处、思考等自发性活动；也拥有开放性的外部空间，可满足使用者的公共交往、互动、交谈、娱乐等需求。此外，外部空间还应具有多样、复合的功能特点，才能提高空间的积极性；随着公共空间及相关公共设施在尺度、形式、材质、功能等方面日趋丰富，其空间在视觉、观感、形态、层次等方面的组织形式也会变得更加多变；并且各层次的外部空间相互关联，可提高城市活动的参与性，对塑造"积极空间"具有重要的意义。

1.2 街区相关研究动态

街区作为城市生活的基本单元，在城市更新和发展中愈加受到重视。梳理街区相关研究，"尺度层面的反思""结构层面的探索""认知评价路径""更新方法与实践"，可为街区的活力营建提供思路与启发。

1.2.1 尺度反思：城市街区结构尺度演化及相关理论

街区作为连接城市结构与城市生活的纽带，街区尺度与结构的合理性是城市空间活力与人性化品质的保障。街道自古希腊米利都（Milet）城建

---

[6] 空间的内部秩序是空间封闭性的实现，形态完整、封闭性强的空间具有较强的内聚性，而开放性空间表现出一定的离散性与外部化。

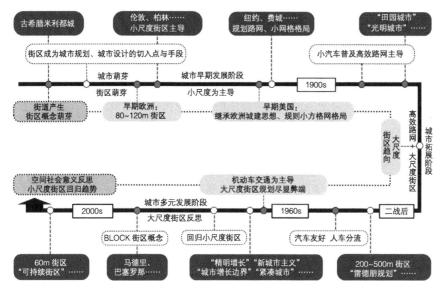

图 1：城市街区尺度发展

资料来源：作者绘制

造以来[7]，便受到城市规划建设者的重视，逐渐成为城市规划与城市设计的切入点与手段，以街道为主导的街区结构也为学者们所重视。早期欧洲城市路网较为密集，形成 80 ～ 120m 的小尺度街坊，如伦敦、柏林等城市。美国早期作为殖民地延续了欧洲城建的思想，其城市路网呈现规则小方格网格局，如纽约、费城等城市。20 世纪初，随着小汽车的出现及普及，城市规划思想逐渐围绕车行交通与高效路网展开，如"田园城市""光明城市"，街区趋于向大尺度方向发展；二战后的"雷德朋规划模式"（Radburn Idea）[8] 更是优先考虑私人汽车交通，采用 200 ～ 500m 的街区轮廓，内部以枝状路和尽端路为主进行人车分流；20 世纪 60 年代以后，以机动车交

---

[7] 克里斯蒂安·德·包赞巴克指出，街道，这种可能由古希腊城邦米利都（Milet）首创的空间形式汇集了不胜枚举的城市"功能"：所有东西都在那里……不仅如此，街道还起到组织地块、土地所有权、土地贸易的作用，随着时间的发展，它还保持着对无尽创造性的开放，它们是不能预见的，或是随机的。同样地，街道在个人与集体之间实现了如此之多的接触，以至于它已不能再被当成一种设计技法。它应该被命名为"具有象征意义的形式"，一种城市范例……（于泳，黎志涛."开放街区"规划理念及其对中国城市住宅建设的启示 [J]. 规划师，2006（02）：101-104。）

[8] "雷德朋规划"采用佩里的邻里理论，中心设集中绿地，以居住组团形成邻里单元。考虑机动车对邻里单元的影响，实行人车分流、采用较大步行尺度组织街区，通常为 200 ～ 500m，是传统欧洲街区的 2 ～ 6 倍。

通为主导的城市规划更是尽显弊端。

随后，大尺度街区结构受到质疑，"精明增长""新城市主义"[9]"城市增长边界"以及"紧凑城市"等理念相继提出。"新城市主义"创始人之一彼得·卡尔索普（Peter Calthorpe）指出，"新城市主义的价值在于为阻止城市蔓延提供了切实可行的解决办法"。1996 年诞生的《新城市主义宪章》倡导从区域、街区及建筑三个尺度开展城市的设计和规划[10]，催生了"BLOCK街区"的概念[11]，提倡以城市街道划分建筑区域，重视街道的功能及社会意义。受此思潮的影响，街道的步行性和社会性得到广泛认同，新的城市规划与更新逐渐回归小尺度街区结构，如马德里、巴塞罗那等城市。2008 年，纽约城市交通部（DOT：New York City Department of Transportation）针对纽约城市的交通及街区改造提出了建设"可持续街区"的要求，提出将街区作为公共空间，建立更加具有活力的交通系统及提高公众的参与度。美国西北部的俄勒冈州的波特兰中心区采用 60m×60m 的街区尺度[12]，以"20 分钟社区"的概念进行土地混合开发（图 1）。

---

[9] 1996 年在第四届新城市规划大会上形成了《新城市主义宪章》（*Charter of the New Urbanism*），此宪章完整地介绍了新城市主义的规划理念：注重城市的生态系统平衡，城市的发展以不破坏自然资源为原则，倡导建设卫星城和通过城市更新来抑制郊区蔓延；提倡构建街道网络，以步行距离为出发点去规划各种活动，使自然环境与社区有效结合；尊重个人，强调以人的尺度建构宜人的城市家园。杜安尼和普雷特兹（Andres Duany & Elizabeth Plater-Zyberk）夫妇提出的"传统邻里开发模式"（TND：Traitional Neighborhood Development）和卡尔索普提出的"交通引导开发模式"（TOD：Transit-oriented Development）应运而生，在美国得以大量实践并取得成功。

[10] 新城市主义与以前的城市规划原则不同，增加了从人性化的角度去考虑街区的尺度，在街区规划中强调以下几个方面：
第一，街区的交通系统：提倡发展公共快速交通系统，提出"路网"概念，通过合理的街区网格状布局，提供交通路线的多种选择，保证街区间的连通性和公共交通易达性；
第二，街区多样性：强调街区功能的多样性、街区人口的多样性、街区环境的多样性。
第三，建立可步行的街区空间；
第四，注重街区的安全性。

[11] BLOCK 街区：B-Business（商业）、L-Lie fallow（休闲）、O-Open（开放）、C-Crowd（人群）、K-Kind（亲和），是由城市道路划分的建筑区域，是构成居民生活和城市环境的面状单元。在功能上，街区不仅具有通行功能，而且是人们休憩、停留、交流和娱乐的场所；在构成上，街区包括街道、居住区和广场三大部分。

[12] 该尺度（200 英尺 ×200 英尺）是波特兰经典的街区尺度，在美国的大城市中也是最小的街区尺度。波特兰路网密度为 25km/km^2，街道面积占总用地的 40%，由街道与公共空间构成的开敞性用地占城市用地的 50%。

表 1：工业革命之前西方城市街区尺度演化

表格来源：作者绘制，其中数据来自肖亮 . 城市街区尺度研究 [D]. 同济大学，2006.

时期	城市	街区形状	街区尺度
公元前 7 世纪	新巴比伦城	接近正方形	（385～600）m×（635～850）m
	印度斯坦莫亨约·达罗城	不规则矩形	80m×150m
	埃及拉洪居民区	矩形	18m×75m
公元前 8 世纪—公元 4 世纪	米利都城	矩形	30m×52m
	普南城	矩形	35m×47m
	奥林斯塔	矩形	35m×90m
	阿格里真托城	矩形	35m×300m
古罗马时期	庞贝城	矩形	40m×100m
	赫库兰尼姆城	矩形	45m×100m
	北非提姆加德城	方形	25m×25m
中世纪欧洲	瑞士	矩形	（20～60）m×（50～180）m
	德国、波兰	矩形	网格规划：（45～80）m×（60～125）m
			线性规划：（50～100）m×（70～200）m
		方形	边长 50m～100m
	捷克斯洛伐克	矩形	（35～90）m×（60～160）m
		方形	边长 40m～80m
	法国	矩形	网格规划：（35～60）m×（40～60）m
			线性规划：（20～60）m×（30～130）m
	意大利	矩形	（25～50）m×（45～125）m
公元 17—19 世纪	宾夕法尼亚州	矩形	（85～128）m×（110～220）m
	德克萨斯州	方形	边长 60～90m
	维也纳	矩形	短边：37～50m
	佛罗伦萨	矩形	长边：200～300m

　　最近的研究中，依据 F.Brown、A.Moudon、B.Maitland 等人对街区尺度、用地等方面的研究发现：大尺度的间距会导致稀疏而不变的交通路网，但可以通过新增街道和小巷使之向更密致的路网演变，指出了街区尺度由大变小的趋势（表 1），并对街廓再分过程展开定量研究。Arnis Siksns 发

现由较密的道路间距形成的城市中心区，其街道和街廓布局往往相对稳定；大尺度间距路网在城市演变过程中通常会发生再分，而再分的结果往往没有受到规划控制，形成不规则的城市路网肌理；相同用地面积内交叉口的数量，一定程度上可以反映交通的便利程度；道路间隔在 80 ~ 110m 的城市路网对步行和自行车交通最为理想（图 2）。他以美国和澳大利亚的典型城市中心区为例，从街道间距角度研究街区发展的特点，指出大尺度街区在城市发展中呈现出向小尺度街区自然演化的趋势，间距更大的稀松路网应重视通过新增道路、街巷、步行道等来提高自身密度。

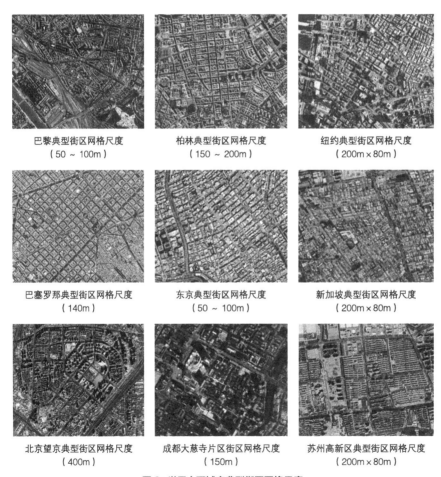

巴黎典型街区网格尺度
（50 ~ 100m）

柏林典型街区网格尺度
（150 ~ 200m）

纽约典型街区网格尺度
（200m×80m）

巴塞罗那典型街区网格尺度
（140m）

东京典型街区网格尺度
（50 ~ 100m）

新加坡典型街区网格尺度
（200m×80m）

北京望京典型街区网格尺度
（400m）

成都大慈寺片区街区网格尺度
（150m）

苏州高新区典型街区网格尺度
（200m×80m）

图 2：世界主要城市典型街区网格尺度
资料来源：根据 Google earth 获取整理

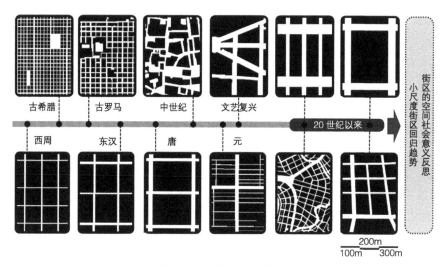

图3：小尺度街区的回归趋势

图片来源：根据史料绘制

东方国家的城市发展轨迹与西方不尽相同，我国的街区概念形成过程起源较早，从西周至唐代、元代，在尺度上呈现出"小一大一小"的回归趋势，可以从一些主要的城市建设中窥见一斑（图3）。

在早期的城市发展中，我国土地的划分与使用较早关注到"空间"和"人"两个层面的意义，夏、商时期，土地制度实行以氏族为单位的土地公有制，农业生产往往采取集体劳作的方式进行。武王克商以后，采用"分封亲戚、以藩屏周"对土地进行分封建立诸侯国[13]，"井田制"[14]与分封制度共同构成了多层次的贵族土地所有制。西周作为我国奴隶社会向封建社会过渡的重要阶段，其城市建设得到了较快发展，形成了我国历史上城市建设的第一次高潮。《周礼·考工记》[15]所载的王城规制，展示了西周开国之初，为以周公营洛为代表的第一次都邑建设高潮而制定的营国制度。周王城的规划与

---

[13] 封地的主权和产权是周王的，诸侯只有财权和治权。全国的土地与臣民，名义上都属周王所有，即所谓"普天之下，莫非王土；率土之滨，莫非王臣"。

[14] "井田制"出现于商朝，成熟于西周。西周时期，道路和渠道纵横交错，把土地分隔成方块，形状像"井"字，因此称作"井田"；井田以公田和私田的划分为主要特征。至春秋时期，由于铁制农具的出现和牛耕的普及等诸多原因，井田制逐渐瓦解。

[15] 《周礼·考工记》是中国战国时期记述官营手工业各工种规范和制造工艺的文献。其中记载：匠人营国，方九里，旁三门。国中九经九纬，经涂九轨，左祖右社，面朝后市，市朝一夫……

"井田制"密切相关，规定了封建等级都城的大小、道路分级；在城市布局上崇尚轴线对称布局，"左祖右社，前朝后市"。西汉洛阳城市建设，呈南北9里、东西6里不规则长方形，城市共设12门（南4门、北2门、东西各3门），道路形成经纬交织的网络并分别与城门相通；城市以宫城为中心，实行南北宫制；在城内设有一处市场，城东、城南设有两处市场。北魏的洛阳城扩展了曹魏邺城的中轴布局思想，以宫为中心延续主轴线；以里为单位，运用方格网系统协调用地比例，保持城市轮廓的完美；城内道路采用方格网体系，道路宽度约为40m。此后，隋唐长安平面呈方形，体现《周礼·考工记》中"旁三门""左祖右社"等形制，宫城在城市中部偏北，宫门前自北向南有全城中轴线；城市拥有严整的方格网道路体系，道路分三级[16]，实现严格的里坊制（全城共有109坊），城南设东西两市，对称布局，每市场占两坊。北宋东京的平面形状为不方正规则，三套方城、三套城墙、三条护城河，形成"大内—子城—罗城"[17]的体系；城市以"井"字形方格网道路网为基础展开，以宫城为中心，道路划分呈现一定自发性特点；由于破除里坊制，转向开放的街巷制，城市功能呈现一定的混合性，商住混杂。宋代平江府城市平面为类矩形，设5个城门；城市道路为正交体系，主要道路呈"井"字或"丁"字相交，河道与街道有机共构，形成前街后河的"水陆双棋盘"格局；城市分布许多坊，设有坊墙坊门，但仅是管理制度[18]。元大都是城市建设与规划高度统一的代表，"外城—皇城—内城"三重城墙，宫城居中于中轴线上；道路呈方格网布局，有完整的道路等级，干道正对城门，东、南、西三面各有三个门，体现《周礼·考工记》的礼制，规则的工程与不规则的范围相结合（表2）。

表2：工业革命之前中国城市街区尺度演化

表格来源：作者绘制，数据来自肖亮.城市街区尺度研究[D].同济大学，2006.

时期	城市	街区形状	街区尺度
夏朝至春秋初期（公元前7世纪）	西周王朝都城	方形	240m

---

[16]　道路三个等级为：全市性南北东西道、地区性道路、坊曲（宽度超过实际需要）。

[17]　唐、宋时期的州郡城市，通常有内、外两圈城墙：外城称"罗城"；内城称"子城"。

[18]　现存的平江图反映了宋代平江府（苏州）的城市格局，依水网形状展开，不同于古代北方城市的规则方正平面，因地制宜，且没有实施严格的里坊制，而是不规则的街巷制。

续表

时期	城市	街区形状	街区尺度
春秋时期中叶至东汉（公元前6世纪—公元1年）	楚国都城	矩形	1500m×1000m
	西汉长安城	方形	闾里：300m×300m 东西市：900m×900m
	东汉洛阳城	不规则的长方形	（400~500）m×（500~1200）m
	东汉曹魏邺城	方形	250m×250m
	北魏洛阳城	方形	440m
东汉末年至晚清（公元1年—19世纪末）	隋唐长安	矩形	（515~797）m×（515~955）m
	隋唐东都洛阳	方形	450m~450m
	唐朝扬州城	矩形	300m×（450~600）m
	北宋东京[19]	大多为方形	（120~240）m×240m
	平江府（苏州）	矩形、不规则形	70~100m
	元大都	矩形	600m×900m
	明代北京	方形、矩形	500m×（500~700）m
	清代沈阳城（奉天）	方形、矩形	（350~700）m×（350~700）m

从唐代的里坊制到宋代的街巷制，体现了从对人的管控角度考虑城市空间的划分；近代的胡同制、民国的里弄制的变迁，反映了随着依附于土地的身份制度开始松懈，土地划分开始与西方发展趋同；中华人民共和国成立以后，受苏联与欧美模式的影响，20世纪50年代形成大量的单位大院与封闭小区，一直持续到90年代；随着世界范围内街区尺度的回归，21世纪的城市街区更倾向于小街区回归的特点。

1.2.2 结构探索：基于图底关系与结构主义相关理论

（1）基于图底关系的城市有机共构的研究

从形态学的角度看，城市由实体环境以及相对虚空的各类活动空间共同构成，两者相互依存、反转共生；类型学的研究也指出，对城市应该从历史和社会文化意义的角度进行研究，城市社会文化价值需要实体的城市建筑和虚体的城市空间来共同表达。唯物主义的视野下，城市中充斥的各

19　北宋时期的东京，又称为汴梁，今为河南开封。

种关系为柔性物质，有序或无序地游离于负形之中[20]。西方文明的发展更是体现在城市形态上，与外部空间组织紧密相依[21]。

　　然而现代城市发展往往注重实体建设而忽视外部空间的建设，一度导致城市空间蔓延、建筑离散与孤立的现象。"图底关系"理论在此背景下应运而生，将复杂的城市空间结构与空间秩序转化为二维抽象图像，指出现代实体城市的"症结"，提出分析、操作方法。罗杰·特兰西克（Roger Trancik）在《找寻失落的空间》中将这种有机共构的关系归结为"地面建筑实体（Solid Mass；图，Figure）和开放虚体（Open Voids；底，Ground）之间的相对比例关系"。柯林·罗（Colin Rowe）在《拼贴城市》中通过图底关系展示了现代城市的"实体危机"，指出"城市质地的困境"[22]，强调了作为底的外部空间在传统城市中的功能、结构、社会人文等方面的作用。

　　随着现代城市功能的复杂化、系统化，事物之间呈现出更为复杂的联结关系，城市开放空间、城市建筑通过人的多样性活动而被关联在一起，显现出一种复杂多变的内涵。克里斯托弗·亚历山大（C.Alexander）在《城市并非树形》中运用"集合（Set）"的概念描述了城市环境的复杂性，指出不应把复杂、有机的城市网络视为简单的树状层级。树形简单结构中两个集合的关系是包含与相离关系[23]；而城市则是复杂的半网络结构，还存在集合之间相互交叠的关系。克氏还指出，围绕机动车规划的冷漠道路只是放大街道的通过功能，会对城市街道活力造成毁灭性的打击，呼吁街道应该回归传统，承担起主要的社会活动。扬·盖尔（Jan Gehl）在《交往与空间》中指出，城市空间是否受欢迎，其社会意义远比建筑学

---

[20]　唯物主义认为，构成城市"图底关系"的实体为硬性物质，即正形；城市中各种复杂的关系及其所依附的虚空部分为"柔性物质"，即负形。

[21]　外部空间中重要的"广场"的概念诞生于古希腊，城市组织多以棋盘式道路网为骨架、以两条垂直大街形成中心大街，共同构成城市的主体，中心大街的一侧布置中心广场；此后广场最初用于议政和市场（Forum），直到古罗马时期，其功能扩展到宗教、礼仪、纪念等范围，位置也逐渐固定与某些建筑共同出现，作为建筑的附属外部场地（Plaza），其概念与地位得到提升。在中世纪，城市广场在功能与形态方面都得到了扩展，形成了与城市整体互相依存的城市公共中心广场（Square）的雏形。

[22]　柯林·罗在《拼贴城市》中提出的"质地"是指城市中街道、建筑物及开放空间的格局，也就是城市的"肌理"。

[23]　树形结构中的结构关系相对简单，一个集合要么完全包含另一个集合，要么彼此完全不相干。

意义更为重要。简·雅各布斯（Jean Jacobs）指出，随着城市复合性程度的提高，城市空间的有机共构是推进城市"有机的复合"（Organized Complexity）[24]的重要条件。复杂、动态的城市系统，更要求城市的组成部分高效、有机地关联，因此对承载城市中各种关系的外部空间提出了更高的要求。

法国开放街区（Open Block）[25]的早期实践者克里斯蒂安·德·包赞巴克（Christian De Portzamparc）指出街道与广场等外部空间对城市的意义，指出街道等外部空间与建筑实体的互动展示了城市不同年龄段[26]的特质：传统肌理中虚实相生与有机互动——现代主义城市中实体主导——有机复合的回归。他于 20 世纪 70 年代提出构建开放街区的规划理念，提倡顺应生活的复杂性，重视城市功能的多样复合，并展开几十年的实践，以奥特福姆集合住宅（Rue Des Hautes-Formes）、马塞纳新区（Massena New District）为代表。

（2）基于空间关系的结构主义研究

结构主义思潮于 20 世纪 60 年代初出现并迅速扩散，由于其核心重视研究客观存在的内在逻辑，强调整体性、系统性而非孤立的事物本身，而迅速成为诸多研究领域的工作方法。在结构主义语境中，城市空间的核心

---

[24]　现代城市复合的表现随着城市化的深入正在不断地自我加强，简·雅各布斯（Jean Jacobs）曾将城市的这种功能多样性混合的特征称之为"有机的复合"（Organized Complexity）。韩冬青、冯金龙. 城市·建筑一体化设计 [M]. 南京：东南大学出版社，1998.8.

[25]　开放街区具有 4 个基本特点：建筑单体保持一定的独立性；体现场所精神；不会严格限制建筑的高度；强调异质性、混杂性和矛盾性。

[26]　克里斯蒂安·德·包赞巴克总结了城市不同年龄段的特征：
第一年龄段（The City Age Ⅰ）：工业革命以前的城市，其街道自产生以来就汇集了城市诸多功能，并由于不同的发展脉络而促成了城市基本格局的差异，但是城市住宅依附于城市街道和城市肌理的关系从根本上从来没有改变过，住宅与城市及街道的关系并未因建设数量而发生改变，街道与广场连接了城市的实体与城市活动。
第二年龄阶段（The City Age Ⅱ）：从 19 世纪到 20 世纪中叶，诸多城市经历了工业革命，受现代主义影响，城市空间中"正形"实体逐渐脱离文脉而实体结构（Structure of Object）突显，街道和广场等外部空间丧失了复合空间的社会意义。
第三年龄段（The City Age Ⅲ）：此阶段的城市是克里斯蒂安·德·包赞巴克倡导的城市形态，源自 20 世纪 60 年代后开始的对现代城市的反思，人们重新认识传统的城市空间及其网络结构，反对城市功能分区、低密度分散等现代主义城市规划思想，提出城市发展需尊重生活本身，城市结构趋向有机复合性。

并非空间本身，重要的是空间之间的关系[27]，对城市空间关系研究具有重要的影响，并催生了"空间句法"等理论。其关注的"空间和社会存在着怎样的联系"，成为建筑师与规划师不断探索的方向。

20 世纪 70 年代，英国伦敦大学巴格特建筑学院比尔・希列尔（Bill Hillier）在其《空间的社会逻辑》中指出空间具有社会逻辑性[28]，并提出"空间句法"理论，以"拓扑结构 + 数学关系"建立空间之间的数字模型[29]，开启了一个全新的建筑学研究方向[30]。1997 年召开了首届世界性空间句法研讨会，此后每隔一年世界各地学者们就聚集一处对相关研究及发展展开讨论。截止到 2009 年，空间句法已为世界 75 个国家和地区、400 多所高校所接受[31]。大卫・西蒙（David Seamon）教授将空间句法应用于现象学的研究中，丹尼尔・蒙特洛（Daniel R. Montello）通过环境心理学对空间句法理论的验证，大大推进了空间句法理论的系统完善。空间句法的计算方式也经过 30 多年的不断修正，发展形成的基于角度分析（Angular Analysis）的线段模型（Segment Map）[32]，与现实情况具有极高的相似度，如交通选择度的关联峰值可达 0.8 以上，稳定在 0.6 以上。通过大量的研究与实践，证明空间句法计算软件的操作难点在于对象的选取和适宜范围的界定，以及对各参数图示的解读，如果运用恰当，可成为城市空间结构研究的得力工具。

1.2.3 认知评价：外部空间相关的城市设计定量研究

从哲学角度看，建筑外部空间被视为一种有目的的空间技术，与实体

---

[27] "在任何既定情境中，一种因素的本质就其本身而言是没有意义的。它的意义事实上由它和既定情境中其他因素之间的关系所决定。"转引自（英）特伦斯・霍克斯 . 结构主义与符号学 [M]. 瞿铁鹏，译 . 上海：上海译文出版社，1987：P8–9。

[28] 1984 年，希列尔和汉森（Hanson）在所著的《空间的社会逻辑》（*The Social Logic of Space*）一书中，首先提出建筑与居民点的空间组织的句法理论。

[29] 该模型主要有凸空间、视线分析及轴线模型三个应用方向，其中轴线模型对城市空间结构研究最具有应用价值。

[30] "空间句法"受益于计算机的强大模拟功能，可对城市空间环境进行拓扑学的分析。以定量的方式表达出不同的空间结构所具有的不同性质，从而揭示空间结构对人类活动的潜在作用力。常用的空间分析软件主要有 Depthmap、Axwoman2、Axman、Confeego。

[31] 统计数据转引自：段进，比利・希利尔 . 空间句法在中国 [M]. 南京：东南大学，2015。

[32] 相对于早期轴线模型，解决了空间的距离与轴线间的角度问题。

的城市建筑存在着正负互逆、反转共生的关系，是具有一定功能、一定意义的外部空间。从古至今，建筑师除考虑城市的建筑实体外，均对外部空间予以重视，这种意识早已融入相关的建设活动中。如我国"天人合一"的思想与"风水"理念，重视建筑与外界环境的相互协调，倡导从宏观整体考虑建筑实体的布局。日本现代主义建筑师芦原义信的《外部空间设计》，更是结合空间理论研究对建筑外部空间进行了描述，通过其创作实践和实际经验的总结讨论了外部空间的设计方法。从现代建筑特点描述性的角度看，建筑外部空间是指建筑与其一体的周围环境和城市街道之间的空间区域，它是在建筑与建筑、建筑与街道或城市之间营造的地带，是一个有秩序、有目的、有一定功能的人造环境 [33]。意大利建筑师布鲁诺·赛维（Bruno Zevi）在其 2006 年出版的《建筑空间论：如何品评建筑》中，强调了空间是建筑的主角，应运用"时间—空间"观念去观察全部建筑历史；并指出建筑的外部空间是城市建筑形体环境的一部分，应将外部空间设计归纳为城市设计的一部分。

表 3：城市设计层面定量分析研究

资料来源：作者绘制

研究维度	关注内容	定量分析	
视觉维度	经历了由基于美学、艺术层面的简单几何量化到多侧面、系统性定量分析、逐步丰富完善的过程	一定程度上提高了形态设计的科学性，例如街道尺度、界面密度、贴线率、连续性、建筑后退红线、开窗率、天际线的曲折度、层次感等	
认知维度	关注个体的心理感知，研究个体对城市环境的感知结果与城市空间特点和设计品质之间的关系	早期的研究注重现象描述，定量化程度低，实践指导性不强；现代研究加强对城市设计认知指标的完善 [34]，并引入了心理学定量研究方法——SD 法	
社会维度	关注城市活力和空间公平正义	城市活力的定量评估指标：街道活力表征指标、街道活力构成指标、街道肌理、开发强度、功能混合度等	社会维度和功能维度的前沿技术方法是基于位置的大数据和仿真模拟
		城市空间公平正义评价经历了从地域平等到社会平等、从社会公平到社会正义的深化过程	

---

[33] 刘珊. 环境—类型—精神—建筑外部空间设计的核心问题 [J]. 南京艺术学院学报，2009（1），123-129。

[34] 包括舒适性、围合性、趣味性、标志性、意象性、庇护感等指标。

续表

研究维度	关注内容	定量分析
功能维度	关注土地功能的发挥、公共空间的可达性、街道的可步行性和物理环境的舒适性等	其中可达性分析以及对公共空间物理环境的舒适性评价为现阶段热点[35]
形态维度	主要关注城市用地形态和网络空间形态两方面	城市用地形态上，常用指标包括形状率、圆形率、紧凑度等
		网络空间形态研究上，常用的定量分析方法是空间句法和路径结构分析
时间维度	关注动态模拟城市的有机生长，对城市要素活动的时空变化进行定量研究	引入了大量模拟、预测和仿真的研究方法，如元胞自动机（CA）、多主体模型（MAS）、时间地理学（Time-Geography）等

然而，相对于有形的城市建筑空间而言，城市外部空间存在着诸多不确定性，长久以来针对外部空间要素的研究与设计存在主观性、模糊性、随机性的现实缺憾。随着城市问题分析技术手段的发展、多学科的融合以及城市设计相关理论的深化，城市设计层面的定量分析已经成为研究城市问题的主流手段并得到广泛的推广应用，体现在网络结构分析、感知分析、可行性评价、城市活力测评等方面。里德·尤因（Reid Ewing）在《度量城市设计》[36]中构建了城市街道测度指标，即围合度、人性化尺度、通透性、整洁度和意象化。马修·卡尔莫纳（Matthew Carmona）提出的城市设计六个维度的分类体系，在诸多学者的努力下，如今在视觉维度、认知维度、社会维度、功能维度、形态维度、时间维度等方面已经形成 60 余种定量指标和 40 余种常用方法[37]。随着城市设计更加关注主体使用者的个体感知、行为特点以及社会价值，定量研究之间的学科交叉与渗透更加丰富，提供了更为系统的学科知识支撑，而科技平台的进步[38]，更为城市设计层面定量分析的科学性和可信度提供了助力，为本研究提供了研究思路与方法参考（表 3 ）。

我国学者近年来在相关领域也取得了令人瞩目的进步，形成了以当代

---

[35] 其定量分析多是基于仿真软件如 Fluent、ENVI-met 等的微环境模拟。

[36] Reid Ewing Otto Clemente .Measuring Urban Design：Metrics for Livable Places[M]. Washington，DC：Island Press.2013。

[37] 牛强，鄢金明，夏源 . 城市设计定量分析方法研究概述 [J]. 国际城市规划，2017（6）：61–68。

[38] 比如街道传感器、VR 技术、大数据、物联网等。

城市设计量化技术为平台，以 GIS 技术、数字叠图等数字化设计为辅助手段的系列研究探索，空间句法等软件也得到了推广和应用[39]，形成科学有效的外部空间设计评估体系与交互反馈城市外部空间设计方法体系。东南大学学者李哲等提出建立多学科支撑的"场地—设计"测评方法与评估指标数据库，利用数字化叠图方法与 GIS 平台建立"评估—设计"联动研究机制，将量化技术应用于设计全程，从而提升城市外部空间设计的科学性与可度量性，构建具有技术创新意义的城市外部空间设计方法体系[40]；龙瀛在新数据环境下探索的利用数据定量测度城市街道活力和品质的方法是二维平面分析的典型代表；唐婧娴、龙瀛利用街道微观尺度的图像数据，通过要素客观构成分析和使用者主观评价，对北京市和上海市的街道空间品质进行了测度。

1.2.4　更新方法：微更新的研究与实践

20 世纪 60 年代开始，欧美学者就开始对城市更新的新方式进行探索，以此来寻求城市的复兴与可持续发展。简·雅各布斯（Jane Jacobs）和刘易斯·芒福德（Lewis Mumford）分别在《美国大城市的死与生》和《城市发展史》中指出，需要警惕大规模的城市改造对城市多样性的破坏，主张对城市进行小尺度的更新和改造，提倡关注城市中"空间—社会"的互动关联。70 年代以后，小规模社区规划成为美国城市建设的主流，柯林·罗（Colin Rowe）在《拼贴城市》中提出用微观城市更新回应现实空间、场所和事件，对历史遗存进行"织补"，通过"拼贴"的方法重建被割裂的历史与文脉。20 世纪 90 年代以后的城市更新理论更为多元化，实践中也更多践行了以人为本、多元化、小规模的可持续城市更新，衍生了渐进式和插入式的城市开发模式，为城市"微更新"带来更多启示。史蒂夫·蒂耶斯德尔（Steven Tiesdell）和蒂姆·西斯（Tim Heath）在《城市历史街区的复兴》中主张用可以识别的城市空间来修复城市的传统形态和建筑，注重多功能混合，提倡采取渐进式和插建的发开策略来保护现有的社区环境和社会结构。乔恩·朗（Jon Lang）在《城市设计：作为过程与结果的类型学研究》中指出，渐进式和插入式城市设计方法具有城市触媒的作用，可触发城市环境品质在更大范围和规模的改善提升。

---

[39]　详见本书第 1.3 节与第 2.4 节。

[40]　李哲. 集约型城市外部空间环境量化设计路径研究 [R]. 数字景观——中国首届数字景观国际论坛，2013.11。

　　随着我国城镇化的深入,城市建设的重心从增量拓展转向存量更新,"微更新"思潮开始涌现。"微更新"理论继承了吴良镛先生的"有机更新"理论并得到了进一步发展,提倡在保留城市传统肌理的基础上进行小范围的更新改造,使每一片区都能够相对完整地发展,继而通过无数相对完整的片区的改善来促进整体环境、地区的复兴。2012年2月"国际城市创新发展大会"分论坛提出"小就是美,小就是生态"的"重建微循环"理论,中国住房和城乡建设部副部长仇保兴号召城市建设者们不要迷恋巨型城市,避免大拆大建的粗放式城市建设,在"自组织"理念[41]的基础上倡导"有机更生",积极拓展"微空间",提出的"十微"涵盖城市运作的方方面面,如微降解、微能源、微冲击、微更新、微交通、微创业、微绿地、微医疗、微农村、微调控。"微更新"倡导微尺度、低投入、循序渐进城市"有机更新"[42],重视使用者的需求与自下而上的公众参与,强调城市存量空间的活化与利用,重点包含以下两个方面:

　　一方面,在城市"负形"的空间层面,需要重视城市"微空间"的品质提升。如针对城市公共空间中的低品质、低利用率的街头绿地、口袋公园、广场、滨水空间,以及建筑退让等畸零空间、场地设施等,采用适当规模、合理尺度的优化调整,以局部小地块更新触发自主更新的连锁效应,提高城市公共空间环境的整体品质。

　　另一方面,在城市实体的"正形"层面,需要注重老旧建筑物、构筑物的活化与可持续利用。对长期闲置破败、缺乏养护监管、低利用频度的老旧建构筑物,以及缺乏修缮、功能滞后、业态低端的历史性建筑和工业遗产等,在尊重城市肌理的基础上进行空间结构优化、功能置换更新、业态整合,发掘其可持续的内生活力,有效激活城市空间,传承城市记忆。

　　目前,"微更新"理论已大量应用于社区营造,并向历史性街区的保护

---

[41]　自组织(Self-organization)理论于20世纪60年代逐步形成,关注复杂自组织系统(生命系统、社会系统)的形成和发展机制问题,即在一定条件下,"系统是如何自动地由无序走向有序、由低级有序走向高级有序的"。德国理论物理学家H. Haken认为,从组织的进化形式来看,可以把它分为两类:他组织和自组织。如果一个系统靠外部指令而形成组织,就是他组织;如果不存在外部指令,系统按照相互默契的某种规则,各尽其责而又协调地自动形成有序结构,就是自组织。自组织现象无论是在自然界还是在人类社会中都普遍存在。一般而言,一个系统自组织属性愈强,其保持和产生新功能的能力也就愈强。
(根据以下文献整理:杨贵华. 自组织:社区能力建设的新视域[M]. 社会科学文献出版社,2010.05)
[42]　"微更新"是指微小空间、微小问题、微小投入。

性更新延伸。针对城市用地紧张的普遍现状，"微更新"提倡以自下而上的角度切入城市更新。相比于城市更新项目大规模、长周期、多指标调整的特点，"微更新"关注老旧社区的公共空间、公共服务设施等内容，尊重城市既有的肌理和用地条件[43]，以城市环境品质提升、民众生活幸福、街区活力激发为目标，并在实践中拓展了更多的可能[44]。

北京在老城胡同中进行社区营造实验，对其最古老的斜街[45]采取"微修缮、微更新"的策略，使其从违建遍布、交通混乱的老街转变为"静稳街区"，整治环境的同时赋予其历史文化内涵。街区治理从街区系统优化入手，违建拆除[46]、建筑修缮、立面改造、牌匾标识整治、慢行系统优化、停车综合治理[47]、多杆合一、景观绿化等系统优化协同展开，增加两处口袋公园[48]、一处元代码头，以及广化寺外人行道旁长约150m的"古迹高墙"，重现古街风采。

上海在街区改造"微更新"中关注空间改造的同时，关注对居民生活方式的引导与活力重塑，从注重"空间管理"转向人性化"空间治理"，趋向精细化操作，引导"空间生产"转向"地方营造"。在具体操作中提倡"街道是可漫步的，建筑是可阅读的，城市是有温度的"。2014年启动的曹阳新村地区的城市更新，通过完善公共设施，整合公共空间，激发社区活力，提升居住品质，成为上海市城市中心区24个城市更新试点之一。2016年

---

43 相比于城市更新项目的规模有大有小，不少城市更新项目规模大、操作流程长，往往涉及诸多指标的调整。"微更新"往往不涉及用地性质、容积率等指标调整，但关注居民日常生活的切实改善，"以小见大"的操作与实施往往更易实现。

44 随着城镇化的深入与可持续发展的深入人心，"微更新"理念被大量城市接受并进行了诸多实践探索，业已超越简单的口袋公园建设、社区出新等内容。

45 前身为建于元代的鼓楼西大街，全长1.7km，东南端与地安门外大街、旧鼓楼大街、鼓楼东大街交汇于鼓楼，西北端指向德胜门。项目2017年6月启动，其东段（鼓楼西大街甘露胡同以东部分，长约800m）于2020年11月完成。改造前鼓楼西大街停车、违建等问题严重，历史风貌与街区活力受到很大影响。

46 拆除违建共计308处，面积达1.39hm²，包括多处3~4层严重破坏历史街区风貌的超高建筑；拆除商业广告牌匾214块，治理混乱"开墙打洞"212处，并对拆违后的房屋进行保护性修缮和恢复性修建。

47 改造前1.7km长的街道，高峰停车数超过460辆车，侵占了人行步道及公共空间。改造在增加共享停车位的同时，加强对违法停车的管理（安排专人对占用便道违法停车行为进行告诫、劝阻）。改造后的鼓楼西大街道路两侧全面禁止停放机动车，保证沿街立面的完整意象。

48 两处口袋公园一个名为"谯楼更鼓"，位于鼓西大街路口；另一个名为"竹韵暖阳"，位于鼓西大街67号。

5月在鞍山四村第三居民区启动的"我们的百草园"[49]社区花园陪伴计划，采取居民参与[50]、多方共治模式[51]，构建地景、花园、绿地、儿童活动场地等，为居民提供"有温度"的高参与度活动平台；其建设与运维模式迅速被推广到周边社区，整体促进了四平老工人新村的空间品质提升。普陀区万里街道社区微更新，更是通过对社区基础设施的提升与公共交通网络的升级，引导社区构建绿色生活方式[52]。

南京在小西湖社区践行了"小尺度、渐进式"的更新模式，在"共商、共建、共享、共赢"的理念下[53]，联合了政府、街道、社区、国企建设平台和社区规划师，多方参与小西湖历史风貌区的改造，确立了"自我更新、有机更新、持续更新"的微更新策略。在遵从风貌区的空间格局与居民产权关系的基础上[54]，构建15个规划管控单元与127个微更新实施单元；以

[49] "我们的百草园"项目位于鞍山四村第三居民区中心广场，占地200m²，项目包括握手菜园、一米菜园、湿地花园、香草花园、螺旋花园、儿童娱乐等功能分区。旨在整合社区空间的基础上，构建多功能复合的、有温度的社区公共空间。"百草园"项目的建设与运维经验被复制到周边社区，形成363"芳园"、安顺苑"顺园"以及鞍山三村"谧园"等系列项目，促进四平老工人新村的公共空间品质提升。

[50] 项目鼓励社区居民捐赠、寄养或认养被弃置植物盆栽，定期开展园艺体验活动，业已形成了以学生、年轻妈妈为志愿者主体的自治团队。

[51] 项目采取"政府引导、高校指导、居民主导、社会参与"的自治、共治模式，通过党建合作和购买服务等方式，并引进同济大学景观学系、绿乐园（公司）和四叶草堂（社会组织）等第三方力量，为项目提供有力支撑。

[52] 社区微更新倡导"公交+骑行+步行"的绿色出行方式，增设集售卖、娱乐、展示和交流于一体的公交服务设施，开通社区环保电瓶车和穿梭巴士来补充既有公交路网，以解决"最后一公里"的交通服务盲区问题。

[53] 小西湖项目由政府职能部门、街道、社区居民、国企建设平台和社区规划师组成"五方平台"，充分鼓励和帮助片区居民共同参与到项目改造中，共同研讨片区建设、整治、服务、管理、宣传，在平台上解决各种问题、达成共识，增强居民的参与感，提升他们的幸福感和安全感。2015年7月，由南京市规划局、秦淮区政府联合牵头，邀请东南大学、南京大学及南京工业大学开展"在宁高校暑期研究生志愿活动"，就秦淮区小西湖片区的保护与复兴展开规划研究，并由南京历史城区保护建设集团（以下简称"南京历保集团"）负责具体落实规划方案。三所高校的志愿者活动，把企业、社会、居民、学生联合起来，共同研究规划思路，探索出了全新的"自上而下"与"自下而上"相结合的规划理念。

[54] 堆草巷33号"共享院"，在产权不变的情况下根据房屋位置特点，将私房及杂物后院改造为公共空间。通过将实体墙改造为镂空花墙、后门向外开放等措施，强化互动性和流动性。马道街29号的私房改造，通过对结构、外墙、门窗、楼梯的保护与修缮，被改造为文艺咖啡屋。此外，采取"平移安置房模式"将一栋3层老公房改造为24套40～60m²的平移安置房，完善住宅的配套设施，保留原住民。

"院落"和"幢"为单位,采用"公房腾退、私房收购或租赁腾迁、厂企房搬迁"的更新方式,在保留重点建筑格局和传统街巷肌理的同时释放公共空间[55],完善基础设施、公共服务设施,引入新型业态,激发片区活力(图4)。

图4:南京小西湖微更新(花迹行旅与虫文馆及其公共空间)

资料来源:作者拍摄

1.3　活力营建

据国家统计局数据,截至 2019 年,我国常住人口城镇化率已经达到 60% 以上,北京、上海、广州、深圳等一线城市的常住人口城镇化率也已突破 85%。根据联合国的估测,世界发达国家的城市化率在 2050 年将达到 86%,我国的城市化率在 2050 年将达到 71.2%[56],城市发展的重心将转向内部的活力更新。一方面,我国城市可新增建设用地愈发有限,城市发

[55]　2017 年完成 408 户搬迁,2019 释放出 48 个院落,2020 年底初步完成社区更新改造。

[56]　数据来自百度百科

展空间趋向饱和；另一方面，快速城镇化进程中，快速的增量扩张导致城市空间不合理的问题开始凸显，以经济回报为导向的"大拆大建"式的城市改造活动造成了城市肌理断裂、生态环境恶化、历史风貌破坏，并且导致一系列社会问题，亟须从可持续的健康发展角度关注城市有机更新，采取针对性、精准化、渐进式的更新方式，推进城市的活力营建。

1.3.1　尺度重构引导

（1）现实意义

城市大尺度街区问题丛生，街区尺度重构具有现实意义。

我国城市的发展脉络与西方国家不尽相同，我国传统城市规划重视封建礼制，偏重于干道建设，支路为密集路网形式。中华人民共和国成立初期的计划经济时期，受苏联影响形成了单位大院的用地模式，形成"干道＋宽马路"的组织。改革开放以后，以功能为导向的城市格局呈现出"稀路网、大间距、宽道路"的特征。特别是 1998 年后，伴随土地"招拍挂"出让制度的采用，叠加街区封闭化的影响，大街区的蔓延对城市的交通、经济、人文等方面产生了严重的负面影响，成为诸多"城市病"产生的根源。快速城镇化过程中对街区尺度方面的关注与研究有所不足，多以"大"为开发模式，新城区建设中城市干道间距达 800 ～ 1200m，导致大街区甚至超级街区为主导的城市扩张；传统城市空间格局被打破，大街区成为主导城市结构的基本单元。

近年来随着"以人为本""可持续发展"理念受到重视，城市也向复杂性、开放性、兼容性和人性化方面发展，而以车行交通为导向的大街区模式却与这些新理念相背离，在社会、经济、生态、人文等方面暴露出种种弊端[57]，引发了社会各界对街区结构问题的思考。大街区的城市发展模式，缺乏对资源的有效利用，更是与可持续发展背道而驰；而小街区在提高城市效率、增大城市资源经济效益、增进城市活力、提高城市多样性和可识别性、优化城市结构方面具有自身优势。2016 年，国务院城市工作会议专门提出

---

[57]　大街区模式面临诸多问题，体现在城市效率、交通组织、空间活力、社会公平等层面：

①城市效率低下导致的生态恶化；

②交通组织以机动车主导，一定程度加剧城市拥堵；

③公共交往空间缺失导致城市活力丧失；

④大尺度划分导致空间隔阂与孤立。

了建设开放街区的要求[58]，《中共中央国务院关于进一步加强城市规划建设管理工作的若干意见》印发，明确指出，未来我国新建小区要推广街区制，原则上不再建设封闭住宅小区；已建成的住宅小区和单位大院要逐步打开，实现内部道路公共化。今后一段时间在城市建设和更新中推广小街区将是趋势和热点，如何在城市建成区推进小街区结构更新具有现实意义。

（2）困难与挑战

西方关于城市街区的反思与研究，对我国城市街区的结构与尺度研究有着多方面的借鉴意义，在前期我国街区呈现大街区化倾向的过程中，国内很多学者就意识到了小街区的重要性，并进行了系列理论研究，以呼吁小街区建设。"小尺度街区""开放街区""活力街区"等理论引入中国已有几十年，在理论研究与技术操作层面取得诸多成果，但仍需结合实践进行系统深入。张永和指出，我国城市建设中"大而专"的操作模式忽视城市人本尺度，造成了一系列"城市病"，并对我国推行小街区的实施提出了建议[59]。蔡军采用理论推导的方式对我国城市道路尺度进行了讨论[60]，指出不同交通方式、不同出行距离对街区尺度的需求不同。华南理工大学的黄烨勍、孙一民，对 90 个国外大城市的中心区街区尺度进行了研究，指出我国目前对街区适宜尺度的判断仍停留在主观经验性认识层面，缺乏通用的街区尺度适宜性判断基准，提出了街区适宜尺度的判定特征及量化指标[61]，用以指导小街区重构。大连理工大学的葛梦莹，以分形和连接两个特征作为研究切入点研究城市街道网络的演变，并对其进行定性与定量解析[62]。在相关理论研究的指导下，出现了昆明呈贡新区、重庆悦来生态城、上海创智天地、唐山凤凰新城、天津新文化园旧城更新等以小街区为特点的城市规划实践。

虽然关于街区重构的理论研究与技术操作取得诸多成果，但在实践中仍面临诸多困难与挑战，需要在以下方面加以关注。

58　2016 年 2 月，国务院城市工作会议中发布了《中共中央 国务院关于进一步加强城市规划建设管理工作的若干意见》，其中"第十六条"专门提出了建设开放街区与"小街区 + 密路网"的要求，在社会上产生了很大的反响。

59　张永和 . 小城市，作文本 [M]. 生活·读书·新知三联书店，2012。

60　蔡军 . 关于城市道路合理间距理论推导的讨论 [J]. 城市交通，2006，4（1）：55。

61　黄烨勍，孙一民 . 街区适宜尺度的判定特征及量化指标 [J]. 华南理工大学学报（自然科学版）2012（9）：131–138。

62　葛梦莹 . 分形与连接：关于城市街道网络形态演变的研究 [D]. 大连理工大学，2016。

①理论支撑的系统性

街区的重构缺乏系统化的理论研究，理论与实践脱节。我国诸多研究学者从可持续发展、人本角度出发对城市现状的大尺度街区进行批判，指出大街区模式存在的弊端；不少研究虽然认可密集路网，但对密集路网格局的小尺度街区的研究往往局限于回归步行环境，提高土地经济价值和社会价值，忽略机动化时代的现实要求，对我国的适用性和使用条件缺乏深刻认识，理论尚需结合实践进行深入、系统的分析。

②国情地域的特异性

大量的街区尺度重构实践关注城市新区，或注重新城市主义的表象，与我国的国情脱节。由于中国的城市化进程经历了前所未有的速度，叠加我国长期推行较大尺度的街区结构规划的影响，我国城市一度以大尺度街区模式扩张，国内目前的小街区相关研究多关注于新开发区规划，对建成区的更新关注较少。此外，我国小街区的理论与实践多借鉴国外的经验，照搬了新城市主义的表象，尚未领悟到小街区建设的思想内涵，部分实践不一定符合我国城市建设国情。此外，我国幅员辽阔，不同的地域条件催生了各具特色的城市，不同的街区在自然条件与社会人文等层面存在较大的分异，需要立足地域特点挖潜创新，制定相应的评价体系并采取适宜的营建策略。

③涉及问题的复杂性

城市建成区推行小街区重构，实践中面临复杂的外部影响。建成区内的城市更新涉及法理、物权、邻里关系等多方面问题，其街区结构重构不仅要考虑规划上的交通、空间、指标等技术参数，而且面临"治"与"管"等方面复杂的现实问题，需认识到更新方法的可行性与更新设计的科学性同等重要。因此，在城市街区更新中需要寻求新的切入点，适应新形势下日趋复杂的城市建设需要，综合解决多维城市问题。

④操作的可行性

针对我国面临"已建成的住宅小区和单位大院要逐步打开，实现内部道路公共化，解决交通路网布局"问题，公众普遍担忧政策推行过程中是否会对自身利益造成伤害。研究提倡采用温和的改造更新方法，以科学分析引导精准化操作，利用或开发城市现存外部空间，如滨水廊道、街区内空地、绿地廊道、管线廊道等，以及发掘潜在的外部空间，通过切合实际的小尺度更新改造实现街区再划分，辅以数字模型进行可行性研判。可极大地减少建筑拆迁，温和地优化街区环境，避免土地、建构筑物权上的纠纷，对存量街区改造具有较强的操作性。

1.3.2 外部空间切入

城市的结构形态、功能划分、土地利用模式往往需要不同的城市街道等外部空间与之相匹配，两者相辅相成。研究城市街区的更新，可以从划分城市街区的外部空间入手。

（1）时代意义：推进城市建成区更新重构，响应现实需求

街区是城市结构与居民生活的基本单元，作为城市"生长"的重要空间，面临问题复杂而多样[63]。我国城市空间的主体长时期为封闭街区、大尺度街区所占据主导，问题丛生、尽显弊端，大街区的弊病体现在生态、交通、城市生活、社会公平等方面：第一，城市效率低下，生态环境恶化；第二，小汽车主导，造成城市交通拥挤；第三，公共交往空间缺失，城市活力丧失；第四，忽视人的精神需求，人为制造了隔阂，有违社会公平。

因此，针对街区层面的城市设计具有指向本源性的现实意义。随着我国城市更新进入新阶段，城市建成区的更新改造是推进街区制过程中最大的难点之一[64]，需要科学的设计方法与灵活的政策引导相结合，以实现小街区重构。但目前我国小街区相关理论研究与实践项目多集中于城市新区规划上，而对大量已经成型的城市建设区内部的重构更新问题涉猎过少，本研究具有强烈的社会需求性和迫切性。

（2）实用意义：尊重既有肌理，从外部空间切入具多重优势

城市空间具有"正负共构""虚实相生"的特点，实体环境以及相对虚空的各类活动空间有机交织，是城市空间品质和空间活力的重要保证。我国诸多城市经历了快速城市化后空间结构业已成形，着眼于城市实体要素的城市拆建行为，往往对城市肌理、空间形态、街区活力造成破坏；而针对城市外部空间的操作，在建设难度、拆迁成本、物权、法理等方面则更

---

[63] 一方面，属于街区自身的问题，包括街区特色的消失和街区活力的衰落，以及街区环境的恶化；另一方面，存在于设计管理层面，包括规划设计如何引导街区更新重构，以及设计者、管理者、使用者之间的协调问题。

[64] 由于过去的建设理念，封闭街区与大尺度街区成为主导形态，这些区域的小街区结构性更新改造是推进街区制过程中最大的难点之一：城市建成区内的街区结构基本成形，建筑密布，拆迁成本高居不下；民众对街区制普遍持观望和怀疑态度，民意基础两相矛盾；改造涉及土地性质的物权，法理上前后有矛盾。

具有现实优势[65]。因此，在城市建成区，因地制宜地发掘城市既有、潜在的外部空间，温和地推进小街区重构，对引导空间环境行为、激发城市活力具有重要的实用意义。

（3）社会意义："社会—空间"效益为导向，具有深远的社会意义

城市街区是城市公共空间体系的重要组成部分，发挥着传承都市文化发展与嬗变的职能，有着显著的连续性和动态性，是多要素和多元行为主体组合而成的复杂综合体。研究提倡利用数字化平台的优势，建立科学模型模拟街区重构和活力营建，在"空间—行为"的互动和"空间—文化"的共构基础上，探索物质空间调整与使用者需求的协同。引入"社会—空间"价值参数进行科学研判，以"社会—空间"效益为导向，立足既有街区自身多元的特色，提出针对性和长效性的策略，推动街区环境品质的改善和空间的升级，引导城市街区生活良性发展，具有深远的社会意义。

1.3.3 数字化分析支撑

数字化时代，诸多学者在街区分析评价中，结合数字化平台特点提出量化分析与参数化设计。龙瀛所领导的北京城市实验室[66]提出"街道城市主义"的新概念，倡导针对具有鲜明街道特征的中国城市进行基于大数据、大模型的数据增强设计（DAD）研究；倡导通过量化分析对宏观城市指标、街道密度等进行研究，探讨城市街区活力。

---

[65]　主要有以下几个方面的优势：

第一，建设难度低，利用外部空间开辟街区新通道，以减少无效浪费、降低能耗，具有生态环保方面的优势；

第二，拆迁量少，利用街区中闲置的外部空间改造街区更易获得社区居民的认同，可以有效降低城市更新的阻力和成本；

第三，物权相对清晰，街区中相当比例的外部空间，其土地利用性质本不属于封闭街区内部，如河道及滨水退让空间、高压及管线走廊、城市支路、社区公共绿地等，将其剥离用于重构小街区在法理上易于界定，易于实施。

[66]　该实验室通过对全国道路网络的分析研究，以道路交叉口为定义出发点，重新定义了城市的概念，将中国城市的数量从 653 个提升至 4 629 个。通过强调作为公共空间的街道的重要性，来对抗传统以地块为研究主体的城市研究及设计。通过对开放数据的量化分析，以宏观城市指标、街道密度、用地现状、土地混合使用状况等指标为衡量依据制定街道指标评价，用以分析研究城市活力、可步行性、城市的经济要素等，并用以指导城市规划以及城市设计。

随着 20 世纪 80 年代空间句法传入我国[67]，诸多学者如段进、戴晓玲等对空间句法理论及其实践进行了介绍与阐述；其中，戴晓玲、邵润青、盛强[68]等青年学者更是将空间句法应用到我国的城市规划、城市设计之中。南京大学的陈仲光、徐建刚[69]，应用空间句法原理，采用 Axwoman4.0 软件、SPSS 软件对福州的三坊七巷，从城市整体、历史街区内部及建筑院落三个空间尺度进行形态结构分析，对历史街区的保护、街区功能形态的调整提供建议。东南大学的段进、韩冬青、李彪等学者多年来立足数字平台，提出采用量化软件对城市街区进行研究：在南京与苏州等城市的规划与城市设计中，一改传统的以直接观察、问卷调查为主的调研方法，将空间句法用于城市道路的可达性研究，并将其作为传统研究方法的对照与补充，对城市街区中公共空间的节点布局、道路连接性、空间复合性、安全性、舒适性、场所感等要素进行考察。杨一帆、邓东等利用空间句法对苏州市的城市结构、街道与市民活动的关系进行分析，提出一套大尺度城市设计定量方法体系。苑思楠基于空间句法，采用 GIS、Depthmap 软件建立起一套街道空间的定量分析研究方法体系，以指导街道设计。

随着互联网信息技术的发展，我们可以充分发挥信息时代的平台与数据优势，构建系统性分析，建立数字化模型，采用模块化操作，提高城市街区重构和活力营建的科学性、精准性、可操作性。

（1）构建系统性分析

系统分析城市要素的作用机制，为街区重构更新与活力营建提供基础理论支撑。虽然小街区及开放街区理念长期以来受到学术界的关注，但是受我国国情和过去长时间城市规划指导思想的影响，相关研究与实践存在着不同程度的脱节现象：小街区和开放街区等研究长期停留在理论层面，缺乏广泛实践，近年少量的实践也多集中于城市新区；受业已成形的城市结构影响，城市建成区的小街区重构，多呈现出"见缝插针"式的操作，缺乏系统性的理论支撑；街区活力营造缺乏科学性、系统性引导，物质空

---

[67]　国内对空间句法的介绍最早源于 1985 年《新建筑》杂志刊登的比利·希利尔的《空间句法——城市新见》和靳东生的《关于"空间句法"一文的讨论》（段进，比利希利尔.空间句法在中国 [M]. 南京：东南大学出版社，2016。）

[68]　戴晓玲时为同济大学博士，邵润青时为东南大学博士，盛强时为代尔夫特理工大学博士。在段进与比利·希利尔等人的《空间句法与城市规划》一书中（2007），介绍了几位青年学者的实践。

[69]　陈仲光，徐建刚，蒋海兵.基于空间句法的历史街区多尺度空间分析研究——以福州三坊七巷历史街区为例 [J].2009（8）：92-96。

间的营建与使用者需求间存在偏差，不同功能的建设缺乏协同。可发挥数字平台的优势，建立"外部空间—街区—城市"的"局部—整体"的系统互动模型，对街区中的外部空间要素展开系统分析，梳理外部空间与街区结构、街区活力之间的互动关系，构建模型展示其相互作用机制，提取有效变量进行数字化模拟研判，为街区重构更新与活力营建提供系统的理论支撑。

（2）建立数字化模型

基于数字化平台可构建科学模型，程序化地研究城市的空间结构问题，最终汇总形成综合的城市街区研究系统，如利用数字化模型展开城市外部空间的多要素分析及评价，从而建立对城市街区的认知、分析、模拟、评价、反馈过程，研究方法具有科学性。

首先，结合城市调研对城市信息进行提取整理，把定性的数据放入定量的 GIS 工具中，叠加心理学、社会学、地理学等相关研究方法支撑分析工作，建立客观理性的外部空间多要素分析及评价标准；其次，结合实地调研对外部空间的构成要素进行考察，粗选出适宜街区重构和活力营建的外部空间类型及其组合，利用空间句法等软件绘制图示、模拟计算，并利用数字化叠图技术建立对比图集；最后，辅以科学的主观评价，如 AHP 层次分析法、因子加权评价法、专家评价法、德尔菲法等，将前述结果反馈至城市设计层面。通过构建模型，可以对街区重构和活力营建进行模拟预判，采用量化分析与科学评价相结合的方式提高城市决策的科学性。

（3）采用模块化操作

利用模块化的操作方式以及数字平台将复杂的城市问题分层剖析，提出可供参考的针对性解决方案，为城市问题提供不同解决思路和多种可能性操作建议。

在本研究涉及的量化分析中，分析过程中运用到统计学和拓扑计算方法：统计学能统计参与活力的影响要素，反映重构街区的外部空间类型的数量关系、相互比例关系等，为评价提供初步的参考信息；拓扑计算方法通过建立对象间的各种关系并通过数学方式统计，可展示街区中实体要素与外部空间要素之间复杂的连接及相关作用机制，从而预测街区在活力营建、新旧共构、格局整合过程中产生的系列影响，为评价提供可视化的图形信息。

一方面，利用数字平台构建科学模型，将数字化分析成果反馈于城市规划、城市设计、建筑设计中，通过实地调研、模型计算、实践验证、提出策略的系统科学操作，为城市街区活力营建的设计方法与政策决策提供科学参考；另一方面，从社区关系入手，综合人文、经济、法理等方面的考量，从外部空间切入，降低改造难度与项目风险。在科学分析的基础上，提出规划管理方面的多项具体操作策略，从政策顶层制定引导性的管理条例。最大限度地提升城市建成区在街区营建、新旧共构、格局复兴等方面的精准性切入，发掘城市潜在的内生动力，以人为本，推进"城市—街区"的可持续发展。

1.4　小结

城市街区作为城市的基本活力单元，是城市物质结构与社会生活的联系载体，从街区切入城市活力研究具有一定的针对性。梳理街区的相关研究发展动态，可以发现城市街区呈现小尺度回归的趋势；进入城镇化的后半程，城市规划和城市建设已由关注街区的土地利用，转为关注街道、道路等城市外部空间要素的构建。与此同时，在策略制定方面，数字化时代的定量分析可为外部空间相关的城市建设提供科学的参考；在操作层面，小尺度、渐进式的城市营建具有低冲击性等特点，有助于发掘城市的内生活力，推进城市的可持续发展。综观我国活力营建与街区重构在理论和技术层面面临的困难与挑战，从外部空间切入街区活力营建具有诸多优势，可结合数字化分析进行科学决策，以人为本推进城市的有机更新。

2

营建引导

城市为一个复杂的有机体，内部存在着"城市—街区—要素"多层级复杂的互动关系，其营建引导需要在尊重城市"局部—整体"互动的基础上展开。系统考虑建成区既有的现状，在完整性、开放性、生活性等方面进行营建引导。在系统考虑建成区既有现状的基础上，采用多元数据建立外部空间认知与评价的新途径，利用空间结构计算模型探索街区营建的多种可能，为街区的活力激发、新旧共构、格局整合提供参考。

2.1 城市系统的"局部—整体"互动

随着对城市复杂性、系统性、整体性、联系性的深入认识，人们逐渐认识到在复杂的系统中，整体并非占据绝对的中心支配地位。在复杂系统的整体关系中，存在自上而下的整体对局部的支配与控制，也存在局部对整体的反馈与反作用，这两种作用相互联系并形成动态的平衡。

2.1.1 亚历山大的城市系统与"基核"

克里斯托弗·亚历山大（Christopher Alexander）在《城市并非树形》中提出城市呈半网络状的结构模型（图5），在对城市复杂性、系统性的认识基础上，指出处理城市巨大系统的相关问题需要另外的操作手段；在《建筑的永恒之道》中提出的"无名的特质"是城市构成空间的基本模式[70]，是"人、城市、建筑或荒野的生命与精神的根本准则"。同时，他在《建筑模式语言》中提倡建筑模式的建构，通过一系列组合维持城市整体与局部的统一。《城市设计新理论》《秩序的本质》更是指出了城市局部的动态发展对城市系统整体形态的影响。

亚历山大在关于城市地段生长的试验研究中提出"基核"的概念，并指出区域局部的生长总是从入口开始，延伸至街道区域，从而产生一定的

---

[70] 克里斯托弗·亚历山大发现"无名特质"含混的概念难以用一个词来概括，因而他选择用七个词进行描述性解释，分别是：生气（Alive）、完整（Whole）、舒适（Comfortable）、自由（Free）、准确（Exact）、无我（Egoless）、永恒（Eternal）。

功能萌芽区域;之后随着周边餐饮、会所等的出现，区域整体的功能性加强，公共活动的需求增大，使得区域趋于功能整体完善。在此过程中，这种生长是连续的链式反应，区域中出现的元素，前者总是为后者提供一定的基础和条件。"每一个新的元素出现都为下一个元素的出现提供条件，扮演着必不可少的角色，在完善现有空间的基础上，也会增加新的核心增长点，'基核'所起的场所中心效应便应运而生。"而最终生成的地段空间则是有机而充满活力的。"基核"在城市中是强调其自发性，可以通过随后的控制引导激发其区域发展。此外，亚历山大强调通过公众的、开放的手段来加强地段中物质、能量、信息的交流，以创造新"基核"来激发城市的活力。这对发掘街区的内生活力，通过微观城市要素的调整、关联、增减等操作来实现对街区乃至城市区域的整合引导与促进具有启发意义。

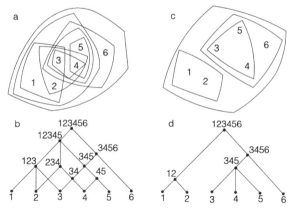

图5：Alexander C. 在 A city is not a tree 中展示城市结构

资料来源：根据克里斯托弗·亚历山大. 城市并非树形 [J]. 严小婴，译.
建筑师，1985（6）：206–224 重绘

2.1.2 神经网络学的"神经元"

神经网络的研究是一种自下而上的研究，其研究基础是生物神经元学说。众所周知，神经元是神经系统中独立的营养和功能单元，在生物神经系统中（包括中枢神经系统和大脑），分布着各类神经元。认知心理学家通过计算机模拟提出了一种知识表征理论，认为知识在人脑中以神经网络形式储存，神经网络由可在不同水平上被激活的结点组成，结点与结点之间有联结，学习是联结的创造及其强度的改变[71]。传统的神经系统控制理论是

---

[71] 引自百度百科：神经网络理论

等级理论，神经系统的控制是自上而下的。而在人类的习得性运动形成过程中，神经元之间通过相互连接共同构成复杂的网络体系，这种联系会随着使用而被强化，如果弃用则减弱。通过程序化，可以使复杂的运动具有一定的自发性，反之，则促进神经网络及运动控制程序的优化，最终形成高效的运动模式。

街区作为城市生活的基本单元，其中某些重要因素犹如人体中的神经元，其状态并非孤立、静止的，而是可以通过精准性操作进行激发。这些重要因素作为街区的有机构成，其状态受到周围其他城市细胞及整个城市系统的影响。一方面能够接受来自城市物质环境多方面的信息；另一方面将这些信息转化为其内部功能组织及外在形态的物质性再造，反过来反馈给整个城市系统，继而对街区乃至整个城市产生良性的刺激，最终对街区的发展、演化等产生引导和制约。

在城市中，复杂要素通过各种内在和外在的联系在时空维度中共存、交织，形成城市性作用的层级网络，以及一系列"生长轴""生长带"。这种运作方式与元胞自动机 CA 理论 [72] 存在着相似性。但是不同于基于 CA 理论的城市性，这种关联不以空间尺度为参照，主要体现为一种区域性的功能平衡与激励。这种类似于神经网络的城市性作用也有着层级的差异，不同等级的城市性对应着不同层次的作用范围，同时存在着跨层级关联的可能。

2.1.3　城市针灸

"城市针灸"（Urban Acupuncture）理念诞生于 20 世纪 80 年代，巴塞罗那城市实验室创始人马拉勒斯（Manuel de sola Morales）在巴塞罗那城市再生计划的背景下提出城市针灸的概念。随后，"城市针灸"一词被肯尼斯·弗兰姆普敦（Kenneth Frampton）[73]、马可·卡萨格兰（Marco Casagrande）[74] 等建筑师引用和发展。肯尼斯·弗兰普敦在《千年七题》

---

[72]　元胞自动机（cellular automata，CA）具有模拟复杂系统时空演化过程的能力。其特点是时间、空间、状态都离散，每个变量只取有限多个状态，且其状态改变的规则在时间和空间上都是局部的。

[73]　肯尼斯·弗兰姆普敦（Kenneth Frampton），1930 年生，建筑师、美国建筑史家及评论家，著有《现代建筑一部批判的历史》一书。曾作为一名建筑师在伦敦 AA（建筑协会）建筑学院接受培训，现为美国哥伦比亚大学建筑规划研究生院威尔讲席教授。——百度百科

[74]　马可·卡萨格兰（Marco Casagrande），芬兰建筑师、地景环境艺术家、建筑理论家、作家及建筑学教授。——百度百科

中指出，"这种小尺度介入有一系列前提：要仔细加以限制；要具有在短时间内实现的可能性；要具有扩大影响面的能力。一方面是直接的作用，另一方面是通过接触反映并影响和带动周边"。

针灸（Acupuncture and Moxibustion）[75] 作为中国特有的一种治疗疾病的方法，是在中国古代常用的治疗各种疾病的手法之一。其特色在于通过对体表穴位的刺激，进而经过经络来辅助治疗全身疾病。城市针灸理论援引中国传统的中医针灸理论和经络理论，将城市视为有机体，着眼于城市建筑、外部空间等局部对城市系统的作用，指出微观的城市建筑之于宏观的城市有机体存在一种类似于针灸的作用，可以对城市问题产生治疗与激化的作用。城市针灸将城市视为一个有机整体，认为在城市中也存在着至关重要的"穴位"，通过对关键"点"的局部改造与治疗，可由点及面地解决城市问题。城市针灸提倡小尺度、精准式的操作，在特定的区域范围内通过"点式切入"的小规模改造，最终起到激发其周边环境的变化、激发城市活力、改变城市面貌、推进城市更新的目的。犹如中医针灸理论"从外治内"的治疗方法，可以通过少量的投入、局部的工程，对城市进行"调理"，避免城市因大规模的整治而造成文脉断裂、风貌破坏等问题。

在城市实践中，不少学者进一步对城市针灸的相关论述进行批判性研究，指出城市针灸应该以"小规模、精准性、对整体环境的催化作用、短时间内可实施以及低成本"为导向。里克·胡格杜恩（Rick Hoogduyn）根据该理念的愿景和实践总结了城市针灸的基本原则[76]：寻找敏感穴位；描绘愿景；快速行动；公众参与；传播知识；全面分析；小规模；场所营造。

2.1.4　城市触媒

唐·洛根（Donn Logan）和韦恩·奥拓（Wayne Attoe）1989 年在《美国城市建筑学：城市设计中的触媒》一书中，提出了"城市触媒"的概念。如同前述"基核"的概念，是城市有机体中的一个重要元素，产生于城市，并影响着城市。城市触媒范畴广阔，有着多种形态，可以是城市的一个局

---

[75]　针法是用金属制成的针，刺入人体一定的穴位，运用手法，以调整营卫气血；灸法是用艾绒搓成艾条或艾炷，点燃以温灼穴位的皮肤表面，达到温通经脉、调和气血的目的。

[76]　Rick Hoogduyn. Urban Acupuncture"Revitalizing urban areas by small scale interventions" [J]. 2014.

Giovanna Acampa，Sergio Mattia.Marginal Opportunities：The Old Town Center in Palermo [J]. 2016.

部，如城市街区的开发，或是城市建筑的一个局部，或是城市的开放空间等物质形态的元素；也可以是非物质的城市事件、城市政策、城市建设思潮、城市的特色活动等。

"城市触媒"对城市的结构形态，起到由局部到整体的促进作用，如同化学领域的"触媒"概念，是"能够促使城市发生变化，并能加快或改变城市发展建设速度的新元素"，其作用机制是通过特定的触媒元素的介入，引发城市内部的某种链式反应，如上述亚历山大的实验中，新元素的产生并非最终产物，更重要的是能够推动和指导后续新元素的产生，依次循环往复、不断前进。城市触媒的产生有一定的随机性，尤其是城市事件等具有一定的不可预见性，非物质形态的触媒在一定程度上具有不可控制性。所以城市触媒就兼具两面性，其触发结果也具有正反两个方面，需要通过有预见性的干预对其进行良性引导，从而发挥触媒效应的杠杆作用，促进触媒对城市产生远远超过其本身规模和范围的影响。

需要指出的是，"触媒"（Catalyst）是化学中的一个概念，即催化剂，是一种与反应物相关、通过以小剂量的使用从而激发、改变或加快反应速度，而自身在反应过程中不被消耗的物质。城市触媒具有"由点及面""四两拨千斤"的作用机制，往往强调通过新元素来改善周围的元素，对现有的城市元素采取改造和强化的积极态度。此外，城市触媒理论提倡重视文脉，注重保持城市文脉的延续；着眼于城市总体，以优于各部分总和作为评价标准，一定程度上重视战略策划，对城市有机更新具有启示意义。

2.1.5　织补城市

"织补城市"理念主张将城市视为一个整体（如同一件完整的织物），而城市中的建筑、空间、肌理等则是构成这件织物的经纬线，主张在城市建设、城市更新中要顺应其原有的肌理，提倡整体性、系统性、小规模的更新以"织补城市"（Weaving the City）。

"织补城市"理念始于战后，西方诸多城市的战后重建导致了大规模的城市更新运动和拆除重建活动，不少城市的新建片区与原有城市格局"脱节"，片段化、碎片化的问题屡见不鲜，在此背景下"织补"理论应运而生。该理念来源于"文脉主义"，旨在解决"拼贴"城市的空间问题，对以经济发展为目标的建设、大尺度粗放式发展进行反思。如柯林·罗（Colin Rowe）提倡以"文脉主义"解决"拼贴"城市的空间问题，认为战后现代主义理念指导下的城市没有整体统一的结构理念，各种集团利益价值复杂交错，导致城市中的建筑环境呈现高度的片断性[77]；指出新建建筑要尊重原有的旧建筑，要在材料、形式上尽量融入原有环境，延续城市的历史与记忆。随后，这一理念从对微观的城市环境的关注，扩展至整个城市，最终发展为城市"织补"理念；视城市为完整的有机体系，主张继承其历史、社会、经济、文化特征及城市格局、建筑形式、生活方式等[78]，以最小的干扰性操作建立新旧之间的合理衔接，发掘旧城区的当代价值，推进城市有机统一肌理的形成。

"织补城市"理念最早被运用于西方战后城市的更新实践中，20 世纪90 年代初，"两德"统一后，新柏林的城市建设采取"织补"城市策略，在严格控制城市总体设计的基础上进行城市建设，在继承文脉的基础上对城市风貌进行修补与延续，这一理念在柏林整体的恢复建设中得到进一步的运用与发展。此后，巴黎、阿姆斯特丹等欧洲城市也都展开了城市"织补"的实践。随着时代的发展，织补理论在城市更新实践中的地位不断提升，运用范围也从针对城市肌理渗透、拓展到城市的各个方面。

"织补"理念关注错综复杂的建成环境[79]，在建筑学领域，城市肌理、景观空间、生态环境等方面有着广泛的运用；其内容不仅局限于建筑和街区等物质要素，还包括历史、文化、艺术、居民等非物质要素。其中，物质要素主要为涉及城市面貌的物质构成，包含历史遗迹、街道景观、城市肌理、生态环境等；非物质要素包含历史背景、文化背景、居民生活习惯等。城市"织补"强调对城市建筑等要素的调整，需要考虑城市系统中的"虚实共生"和互补，主张遵循城市的结构肌理特点，采取小规模、渐进式的改造方式，推进城市的新旧协调统一。

"织补"的类型大致有两种：一种是对缺损的城市肌理进行原真性修复，使人看不出新旧差异；另一种是以全新的材料和样式，在考虑其空间原型的基础上对破损的肌理进行再创造，形成新的街巷格局。我国清华大学张

---

[77] 20 世纪 70 年代，柯林·罗（Colin Rowe）对现代主义提出的乌托邦式的城市表示了质疑，认为不能完全忽略旧城价值而重新建造新城，应该尊重旧城的原貌和肌理，并用"拼贴"的方式在原有城市结构上新增建筑。

[78] 强调对历史、生活方式、居住区域和文化形态进行具微观意义的机理联系和整合，但在学术与实践的两重动态中逐渐发展为对城市的"织补"。

[79] 在概念提出之始，侧重于历史旧城区与新城区相似衔接的问题，强调将破碎的旧城区视为完整的有机体系，重视新城区合理衔接与统一的城市肌理。随着现代城市中城市组团及城市街区的破碎化加剧，"织补"城市理论并不局限于新旧城的协调与联系，也关注现代城市的破碎化问题。

杰教授于 2000 年左右引入 "织补" 城市 (Weaving the City) 的概念和方法，并总结出城市织补六个基本原则[80]：

第一，以生态织补为先导：利用和改善现有环境资源，突出地方环境特色；

第二，以产业、用地调整为契机：尊重现实，逐步优化城市格局；

第三，以交通基础设施织补为重点：构筑公交优先、步行舒适的交通系统；

第四，以公共服务设施织补为契机：整体改善城市日常生活服务网络；

第五，以城市项目为突破：织补和延续城市的肌理与文脉，构建富有都市氛围和地方建筑文化特色的场所与形态；

第六，以社会织补为目标：建设和谐、包容的城市社区。

2.2 街区活力营建探索

在街区的活力营建中，涌现了各种理念与思潮，如完整街道、开放街区、邻里生活圈等理念与实践。分析其实践背景与营建特点，可为我国城市街区的活力营建提供理论参考与实践经验。

2.2.1 完整性营建：完整街道理念的相关实践

完整街道是北美交通规划和设计领域的一个新兴理念，"街道的设计和运行应为全部使用者提供安全的通道，各个年龄段的行人、骑车人、机动车驾驶人和公交乘客以及所有残疾人，都能够安全出行和安全过街"。该理念起源于 20 世纪 70 年代荷兰生活化街道运动 (Living Streets)[81]，1971 年俄勒冈州首次在完整街道理念的引导下展开实践[82]，2003 年，美国的大卫·哥

---

[80] "织补" 城市的哲学逻辑将城市视为有机整体，在物质空间整合之外，关注城市的生产生活运行、社会文化传承等，在不同阶段使城市生态更具自生性和自我完善能力。

[81] 欧洲各国对生活性街道的命名不同，如荷兰、比利时的生活性街道被称为庭院式道路 (Woonerf)，英国称为家庭区 (Home Zone)，法国称为接触区 (Zone De Rencontre)，德国称为交通稳静区 (Verkehrsberuhigter Bereich)。在生活化街道运动中，设计者更强调人与车之间空间利用的平衡。

[82] 要求城市新建与改建道路须考虑人行道和自行车道，由政府提供资金保证城市街道的公平共享，随后另有 16 个州也实施了完整街道政策。

德堡（David Goldberg）提出了"完整街道"（Complete streets）的概念，并在北美得到迅速推广[83]。该理念在反思以机动车为核心的交通发展模式的基础上，主张构建有效、公平的街道体系，强调行人、自行车、公共交通的重要性。在一定程度上，完整街道是一种交通政策和设计方式，通过对街道合理的规划、设计、运行和维护，保障道路上所有交通方式出行者的通行权；提倡通过交通稳静化措施[84]，恢复行人在街道上进行活动的权利（特别是儿童），强调人与车的街道共享（图6）。

图6：完整街道理念示意图

图片来源：作者团队建模绘制

---

[83] 2005年，美国退休人员协会、美国规划协会和美国景观设计师协会联合成立"全国完整街道联盟"，并于2008年和2009年推动"完整街道"立法，虽未成功但这一理念被迅速推广。至2013年初，美国已经有27个州共490个地区出台了支持完整街道的法律、政策或者导则。

[84] 交通稳静化设计包括：减速带、限速管理、限行管理、蜿蜒道、安全岛、环岛、凸起交叉口、小转弯半径、限制停车、隔离带等。通过交通稳静化措施可对街道进行截流、限速。对完整街道构建有三个方面的作用：第一，减少机动车对街道空间及城市街区环境的负面影响，实现街道功能的复合化；
第二，提高街道的完全性，通过管理对驾驶行为进行规范引导，减少车辆对行人和骑行者造成的伤害；
第三，提高街道使用的公平性和舒适性，改善步行和骑行的环境条件，引导街道的公平使用。

　　此外，相比于欧洲"低速共享"的理念，完整街道在强调路权保障的同时注重街道及街区的整体生态改善；在具体操作中，倡导街道功能的完整，更关注街道设计细节，强调良好的街道氛围和场所感；指出街道不应再是以机动车交通为主的空间，而是与沿街公共空间紧密结合的复合空间，倡导构建融合了生活功能、景观功能和休闲游憩功能等的宜人空间。完整街道的营建，重点关注以下几方面：

　　第一，重视步行体验：增加街道步行活动空间和注重人性化设计，探索公共空间营造、文脉保留、使用者参与的多方协调，并应用于街道设计与建设中。

　　第二，强化公共交通：设置公共交通站点接驳设施，提高公共交通基础设施使用率，探索通过公共交通系统构建激发社区活力。

　　第三，保障路权公平共享：以街道为中心，构建交通安全、低碳健康的良好街区环境；保证非机动车道的连续性，设置安全隔离设施，给予骑行者更安全的街道环境；控制机动交通，降低街道车速，减少街道内过度停车现象，回归街道的完整性，提高街道活力。

　　在实践中，完整街道的理念除被应用于构建活力街道外，如美国的纽约百老汇街口改造[85] 等，还被应用于引导街区的活力构建，如美国匹兹堡奥克兰街区。奥克兰街区处于匹兹堡的核心地区[86]，保留了完好的历史空间格局，但随着时代的发展，街区的格局与功能已渐渐与现代化城市"脱节"。奥克兰区占地 3.8km²，以 80m×110m 的居住混合性街区为主，中心地带的商业及居住功能与零散分布在边缘的公共绿地、公园、活动场地之间的联系松散，居民的交流互动受格局限制而活力大打折扣。更新中引入完整街道的设计理念，将生态理论与历史街区更新融合，以街道为核心，向内

---

[85] 改造前的百老汇大街为城市主干道，周边拥有几十家剧院，是美国商业性戏剧娱乐中心，道路两侧各种商业云集、业态丰富。但是机动车和人行交通之间存在较多冲突，行车秩序混乱。2010 年纽约以完整街道理念引导了百老汇大街核心路段的改造，将原来的机动车道改造为市民休闲娱乐的广场，重建了步行体系，以激发空间活力，促进周边商业发展。

[86] 美国匹兹堡城市曾经以钢铁工业为主要产业，但工业化生产导致城市污染严重，城市经济重心开始向医疗、教育、金融和高科技产业转移，逐渐转型成为现代工商业城市。

形成多层级的步行系统、自行车网络、公共交通网络[87]，向外与城市道路接轨，提高历史街区与城市的互动；保证路权的平等与共享的同时，以街道为核心增补公共空间，提高历史文化街区的内部活力互动。

2.2.2 开放性营建：巴黎马塞纳开放街区

开放街区（Open Block）概念由法国建筑师和城市规划师克里斯蒂安·德·包赞巴克（Christian De Portzamparc）在 20 世纪 70 年代提出。开放街区的理念源于对高度机械化、功能化、标准化、等级化的现代主义城市规划的反思，针对现代主义城市街区中千篇一律、整齐划一的非人性化的建设对城市街区活力造成的负面影响，从人本主义的角度重新思考街区的"开放"与"封闭"。开放街区的营建，提倡建筑与城市的联系，重视邻里间充满活力的多样互动，提倡城市建筑独立的同时重新塑造街道的秩序，保障现代城市建筑的独立性、个性化。同时，以街道空间及公共空间联系街区的邻里生活，其开放性核心并不局限于对物质空间封闭物（围墙等围合物）的拆除，而在于以街道等公共空间秩序的塑造，促进"人"的回归与活力的激发。

中国工程建设标准化协会出版的《绿色住区标准》提出"城市街区""开放性住区"的定义：可实现城市公共资源共享，与城市功能空间有机融合，营造富有活力的城市氛围和完善城市功能的住区，与传统的封闭式小区的做法有本质的区别。

开放街区一般具备以下四个特点：

第一，建筑单体保持一定的独立性：街区中的建筑，无论是否处于组团中，都可以作为独立的个体，保持一定的个性，以街道、公共空间等联系为整体，具有调街区生活等内在联系。

第二，体现场所精神：建筑分区和设计保持其个性与多样性，可对各分区进行个性化设计，赋予街区以场所精神。

第三，建筑的多样性：针对其围合空间遵循独立化的个性设计，不会

---

[87] 首先重构步行系统，设计者拓宽了步行道 1.8m 作为驻留空间，这使得步行空间得到了有效的缓冲，有利于行人安全，同时也创造了更具活力的公共空间，使得街道更具有生活气息，更加多变；其次，自行车网络实行了分级处理，与城市道路相连通，在坡度较大的地段设计绿道以得到过渡，然后再与城市网络相连通；最后，为了重振公共交通，实行以发展公交为主、多种公共交通系统相结合的平衡运营方式，街区与城市网络间通过各种各样的公共交通方式相连接，提高了街区与城市的互通性，也便利了街区的居民，提高了街区的可达性。

严格限制建筑的高度，建筑物的风格、规模、高低等保持多样性，以城市空间形态多样化、高品质为目的展开规划建设。

第四，强调异质性、混杂性和矛盾性：不拘泥于古典城市的风格、样式及质地的统一化建筑秩序，城市街区的建设强调多样、矛盾及异质。

图 7：马塞纳新区鸟瞰图

资料来源：克里斯蒂安·德·包赞巴克. 马塞纳新区 [J]. 城市环境设计，2015（Z2）：58-65.

巴黎的马塞纳街区（Massena New District）是最早"开放街区"理念的实践之一，街区内空间结构、功能组织、建筑形式等呈现多样化、混合化、复杂化的特点（图 7）。马塞纳街区位于巴黎左岸协议开发区，改造前是首都巴黎物资供应集散地，功能复杂，拥有火车站、铁路、港口、仓储、物流、厂房等多种功能。其改造旨在构建可以涵盖文化、教育、办公、居住等多功能活力的街区，继而推进巴黎左岸的整体再开发。改造首先延续城市的空间结构，与城市重要的道路骨架相呼应：街区的空间构架强化了垂直于塞纳河与法兰西大道的联系，南北向垂直于塞纳河建立起与巴黎十三区的空间联系。构建贯通南、中、北三个街坊的内部纵向联系，街区以公共绿地为核心组织公共建筑群。街区的道路系统清晰可读，街道和花园向城市开放，保证街区内公共交通网络的平等使用权利，以激发街区内多样、丰富的社会活动。功能组织中，充分保留基地内原有的传统工业建筑，如巴黎面粉厂厂房（Grands Moulins）等历史建筑，并将其改造为巴黎第七大学[88]的教学楼和图书馆，与商业、住宅、办公等空间形成复杂多样的混合功能。街区内空间层次清晰且丰富，建筑展现出其独立性，各构成单

---

[88] 巴黎第七大学（简称"巴黎七大"）Université Paris Diderot–Paris 7 即巴黎狄德罗大学，成立于 1971 年，是创建于 1253 年的前巴黎大学的科学院主要继承者之一，是法国及欧洲顶级的研究型大学之一，位于法国巴黎市中心。

元拥有自己的个性但又不显得突兀[89]，建筑的形态体量保持在一种可控制的范围内，整体呈现出丰富多样的形式但是与整体环境及街区层次保持统一。马塞纳街区"和而不同"向城市开放的特点，不仅保证了街区内部的活力，成为巴黎左岸活力激发的重要一环，而且推动着城市进一步发展（图8）。

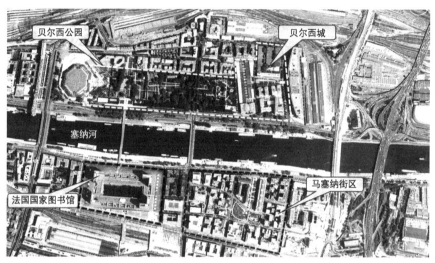

图8：巴黎马塞纳街区及周边城市建成区
资料来源：作者绘制，其中底图由 Google earth 获取

2.2.3 生活性营建：邻里生活圈

2016 年国务院提出"构建方便快捷生活圈"的概念，打破了长期占主导地位的居住区单元规划的模块概念，倡导弱化居住区物理边界的生活性营建，根据居民的行为需求构建社区生活圈。从环境行为学的角度出发，关注使用者的需求，以邻里生活中心为核心，构建具有空间弹性的邻里生活圈。

所谓"20 分钟生活圈""15 分钟生活圈"等，指在 20 分钟或者 15 分钟等时间范围内，居民可以通过步行到达公交车站／轨道交通站、公司以及商场、公园等便利设施。通过多层次的综合规划交通网络，引导城市功能的合理分布，推进城市街区建设与社会生活的互动共进，既方便市民出行和生活、缓解交通拥堵、减少汽车尾气，也让城市职能得到最大程度的

---

[89] 规划邀约了 36 个不同的事务所参与建筑、景观和艺术设计，实现了一个个既保持各自独立性又联系紧密的建筑。

发挥，提高城市的运作效率[90]。邻里生活圈以为 5 分钟、10 分钟、15 分钟的步行距离为半径形成一系列不同层级的功能核心，不同的城市基础设施被合理地安排在其相应的生活圈中心附近；不同的圈层呈同心圆式向外延伸从而为周边提供服务（图 9）。

图 9：15 分钟生活圈示意图
图片来源：根据生活圈理念绘制

我国新版《城市居住区规划设计标准》也正式采用"5 分钟—10 分钟—15 分钟生活圈"的分级方式，"15 分钟生活圈"的理念为街区营建和社区服务配套规划提供了新思路，上海、杭州等城市已进行了若干实践，以邻里中心集中配建理念为核心构建邻里生活圈，提高街区的公共服务配套等共享设施配置的均好性，以人为本实现"有温度"的街区营建。"15 分钟生活圈"的构建一般是以居住为核心，根据居民从家的步行距离向外辐射范围来构建周围的服务设施。但考虑到城市人口众多，尤其是在中国（大部分住宅空间与办公场所的用地比率为 2：1），以居住为核心来实现"15

---

[90] "15 分钟生活圈"发展的主要驱动力之一是社会平等：使越来越多的人可以体验到富有认同感的高质量共享生活方式。这个概念的普及是因为它有益于健康，即合理的城市设计可为人们减少上下班的长途通勤以及购物或接送孩子的行程。这样可以腾出更多休闲时间，促进体育锻炼，同时，步行的倡导还可以减少碳排放，正如 Edward Glaeser 教授在《城市的胜利》中所提到的，"集约多元的混合发展也可大量地节省城市建设成本，实现城市建设的健康环保"。

分钟生活圈"较为困难。所以现实中往往以附带重要交通站点的商业商务区，作为核心区来评估"15分钟生活圈"的覆盖程度。通常以轨道交通站点为"15分钟生活圈"的核心，在核心区周围1公里内以居住结合其他服务设施的方法来实现10分钟和5分钟生活圈的全覆盖。

如上海市2035年总体规划提出，以"15分钟社区生活圈"作为上海社区公共资源配置和社会治理的基本单元，配备较为完善的养老、医疗、教育、商业、交通、文体等基本公共服务设施，建设"宜居、宜业、宜游、宜学、宜养"的社区生活圈。2019年起，上海市选取15个试点街道全面推动"社区生活圈"行动，现已有百余个项目落地。上海市曹杨街道以"15分钟生活圈"为指引，以百禧公园、环浜、桃浦河等公共开放空间体系为基础，将街区贯通开放的河湖水网和曹杨公园、枣阳公园、兰溪青年公园等社区重要公园绿地有机串联起来，在沿线设置驿站，复合社区服务功能，通过百姓客厅、自然课堂丰富活动体验，弘扬新村传统文化；发掘街区现有资源与周边共享资源相结合，以15分钟步行范围为空间尺度，配置居民基本生活所需的各项功能和设施，推进街区宜居品质和公共环境品质的提升。

2.3　认知评价：多元数据切入城市外部空间认知评价

街区活力营建的策略制定，需要以科学的认知评价为基础。随着信息时代的到来，以互联网平台为基础的数据获取、量化分析在城市研究中展现诸多优势，可不受时间与空间限制进行数据采集和科学分析，为城市空间的有效认知与评价提供助力；可与传统调研方式交叉比对验证，具有较强的实践性。随着互联网大数据为基础的城市认知的发展，研究延伸前景广阔。

2.3.1　互联网数据助力城市认知与评价

随着信息技术与互联网全球化的飞速发展，人们赖以生存的建筑与城市都发生了翻天覆地的变化，而城市规划和建筑设计工具及设计模式也在不断更新，为城市的更新发展相关研究带来了更多的新思维、新模式，同时也带来了更多的机遇。"互联网+"时代，可充分利用新型信息技术手段来分析认知城市，互联网思维可关联城市规划及建筑设计，发挥互联网时代的数据及采集方式优势，通过科学方法整合海量多元信息，建立高效的城市外部空间数据采集渠道与提取方式，构建街区认知与评价模型，同时可以通过"实地—网络"调研比对实践，对理论模型进行验证与修正。

（1）外部空间认知评价推进城市内部更新

随着我国城市发展进入新的阶段，从"量"的粗放式增长转为"质"的精细化提升。江南[91]地区的苏州、无锡、杭州等城市的城市化率已达70%以上，城市建设的重心逐渐转为内部更新。随着城镇化的深入，城市新建、更新、改造、再生等城市建设行为均受到土地资源的限制，越来越需要在城市建成区内展开，需要在科学的认知评价的基础上制定适宜的策略与适用的操作手法。随着当代城市建设理论研究已经由"以建筑为核心"转向"以城市为核心"，城市建成区的拆、改、建活动，愈加需要以城市外部空间的有效认知与评价为前提。此外，城市空间的复杂性以及设计的系统性，对城市外部空间调研数据的数量、质量、类型以及分析方法提出诸多要求，需要充足、准确、系统的数据并经过科学、合理的分析，才能建立对城市外部空间全面合理的认知与评价，科学引导城市内部更新。

（2）互联网多元数据为城市分析提供可能

在传统的城市外部空间的认知与评价中，数据来源大部分依赖于现场调研采集。但实地考察调研的工作方法受时间、空间等多因素影响。近年来，互联网大数据迅速发展，已形成了较为全面的城市信息来源，网络终端深入城市生活，推动城市空间相关数据的交互性发展。以规划资料（如测绘图等）为基础，借助互联网平台采集相关数据已成为可能：

电子地图拥有传统地图的功能，形式更多样，功能更强大；卫星影像图视野广、精度高，在大中型城市中分辨率能达到1像素/米的精度，能辨别建筑、道路、河道、绿化等城市信息；三维数字城市直观可见，可以获得大范围3D城市鸟瞰模型；全景街景功能可提供身临其境的感受，对景观美学等体验型分析帮助很大；地图数据功能信息量大且完善，具有搜索、测距、导航等功能，还叠加有"热力图"（反映人群聚集分布）等大数据信息；搜索网站特别是点评类网站，可以提供城市各单元公众参与感受与经历的信息；云功能如众包与威客，可以将原需要专业小组调研的内容通过互联网分发、扩散，能迅速地获得大量群体的调查信息。

如果能把这些互联网数据通过合理的构架组织起来加以利用，可以得

---

[91]　江南是中国的地理区域，在文化、地理、气候等不同的情况下，江南的范围、概念和定义各不相同。广义上的江南是指长江之南，一般多指长江上、中、下游南岸区域。其中，上、中游只是地理上的长江以南的江南，而下游地区的江、浙、皖属于文化上的江南。（百度百科）

到比较全面的城市外部空间相关信息，为互联网条件下认识、分析、评价城市的外部空间提供了可能性。

（3）基于互联网数据的城市外部空间认识评价方法的优势

实地调查分析具有感性、直观、准确等特点，是调查分析的重要方式。但是现场调查分析也存在一些局限性：如大规模的场地调查需要大量的人力、物力投入，特别是设计周期短的项目很难做到全面深入；异地设计项目在前期实地调查结束后，后续补充资料困难；受现场调查时间、调研者及调研对象的限制和影响，信息采集很难做到全面客观。

信息时代，通过互联网平台获取城市外部空间的相关信息已成为可能，相对实地调研具有一定的优势，基于互联网数据的城市外部空间认识与评价方法，不仅是对传统实地调研分析的有益补充，而且具备更加先进的特质。

便捷性：浏览方式快速、广阔，特别适宜于大范围调研的初筛，能轻松实现多区、跨区考察；数据不受时空限制，尤其适合异地设计、研究项目。

多元性：相较于传统地图信息仅有 CAD 测绘图及控规等几种少量信息来源，互联网中地图信息的来源更为多样，可以实现不同网站的电子地图、卫星影像图、三维数字城市图等交叉叠加印证。

时效性：互联网数据更新速度很快，以月、天甚至小时为间隔更新，而规划图纸则以年计，时效性方面大打折扣。

交互性：互联网的交互性有助于实现高效、便捷的城市居民反馈，强化公众参与度，为相关建设提供参考。

（4）互联网思维推进城市规划及建筑设计发展

互联网的快速崛起深刻地影响着社会生活的各个方面，势必对传统的城市规划和建筑设计领域产生影响，传统城市规划和建筑设计可能从线下封闭平台转移到线上交互平台，设计模式必将发生巨大变革：

开放交互性：高度的公众参与性，有效的反馈机制，便于设计由少数设计师的小团体内部行为扩散到社会大众阶层，反之以互联网为平台的意见调查、方案展示、公众听证，能及时汇集有效公众意见并迅速地反馈给设计单位和管理部门，改变了传统的自上而下的单向设计行为模式。

数字逻辑性：在传统的工作平台上，城市研究理论模型的验证往往耗时费力，而基于互联网数字平台，有关社会行为的一切信息几乎都可以被数字化，如爱好、情感、动作等，并通过浏览器、应用终端被采集、分析，汇集成各种类型的数据库为互联网企业所用，当然也可以为城市设计和城市研究所用。

互联网平台中的虚拟现实和地理信息系统，将改变城市规划、建筑设计的过程；虚拟现实和地理信息系统曾受制于数据采集困难、计算量大而难以被广泛应用；而借助互联网大数据和云技术，城市虚拟现实和地理信息系统相对于 5 年前取得了跨越式的发展，可以支撑城市认知与评价相关研究。

2.3.2　基于互联网数据的认知与评价思路

（1）数据获取

科学的认知评价需要建立在有效的数据采集渠道之上，需发掘、整理互联网数据来源，形成可靠、易行、以城市外部空间为目标的互联网数据采集方法。与城市及城市外部空间相关的互联网信息，虽然呈海量状态存在，但同时存在不易搜索、不易筛选的特性。需针对城市外部空间相关的互联网数据来源特点，筛选合理网站、软件作为信息源，建立有效的数据采集渠道与提取方式，形成有效、全面、多角度的互联网数据采集方案。

（2）认知模型

城市外部空间认知方式具有跟随个人习惯和偏好的随机性特点，需要从随机性表象入手，归纳城市认知的深层次规律与程序性特点。在城市外部空间认知与评价体系构建过程中，以使用主体的认知体验为参考，结合城市意象（如道路、标示、节点、区域、边界）与认知地图的信息，提取互联网地图认知要素（如点、线、网、区等），继而归纳出分层式推进的认知路线图，从而将主观无序的互联网地图浏览方式，转变为有针对性、程序性的城市外部空间认知过程，实现以互联网数据为主要信息源的认知评价。

（3）评价模型

基于多因子加权叠加法综合分析相关数据，可构建城市外部空间的评价模型。针对通过互联网采集的大量、多元的数据，以多因子加权叠加法为工作方法，建立多角度、多层级的因子集合；采用专家评价，适当结合问卷调查及众包方式，建立各个因子的分级标准及评分原则；运用 AHP 层次分析法等工具赋予权重并计算目标层级排序。此外，可通过实地调研分析来验证计算结果的准确性。

2.3.3　关键科学问题

（1）城市外部空间相关的互联网信息搜索与筛选路径

互联网大数据的迅速发展，以及各种终端应用软件的普及程度和便利性提高，使得互联网数据成为诸多认知、评价活动的有效信息来源。但是由于互联网数据体量大、价值密度低的固有特点，且其易受习惯、偏好、搜索方式、采集途径的影响，采集结果容易存在感性、片面、离散的问题。建立有效的数据搜索、采集途径，为互联网条件下理性、全面、系统地展开城市外部空间认知与评价提供基础与途径。

（2）适应现有互联网条件的城市外部空间认知程序

有关城市空间认知的互联网应用，目前条件下仍然与实地踏勘存在差距，需结合互联网思维，从传统的城市外部空间调研方式中汲取经验，构建适应互联网角度观察、认知城市外部空间的程序，尽可能地还原虚拟条件下城市外部空间的认知。

（3）城市外部空间分析过程中影响因子的分类筛选

在城市外部空间分析评价的相关研究中，不同研究角度选取的影响因子不尽相同，因此，合理的影响因子分类与筛选成为保证理性分析的重要条件：影响因子选取须全面、多维，反映真实的城市外部空间；影响因子的数据来源要可行，若某些数据在互联网上无法获得，则不宜罗列为影响因素；避免庞杂，过多的影响因子会增加评价过程的复杂性，影响实际操作应用。

（4）城市外部空间评价过程中影响因子分级及权重设定的科学性

影响因子分级及权重设定对最终评价成果的科学性影响重大，由于其自身的主观性因素，须通过一定的手段保证其科学性：背景依据须多方考证，分级标准做到有据可查；采用辅助分析手段，如 AHP 层次分析法、景观美学中的 SDB 法、ICJ 法、德尔菲法等修正权重，提高科学性；通过对比实验结果进行验证，具体可以运用 DPS 数据库软件进行分析计算。同时也要注意研究对象/项目的人文、地域等特异性要素，针对不同性质的设计项目需求，相关城市外部空间的分析评价可存在较大的差异，可通过调节分级分值与权重来使之更贴合实际的需要。

2.3.4　方法与途径

（1）确定数据采集渠道与提取方式

有效、多维的数据源是互联网条件下进行城市外部空间认知与评价的基础，针对海量的互联网信息来源，基于互联网数据发展现状，研究相关网站、软件、APP 应用的工作方式和运行特点，筛选、整合、构建有效的工作路径，建立城市外部空间相关图形信息、数据信息的科学采集与提取方式。研究采用的数据采集端口与搜索功能可分为以下类型：网络电子地图；卫星影像图；三维数字城市；全景街景功能；地图的数据功能；各类网站和应用的搜索功能；数据交互与云功能。并可根据实际情况进行组合。

（2）基于互联网数据特点的城市外部空间认知路径构建

以传统的认知地图工作方式为基础，将认知地图的五要素（标志物、节点、区域、边界、道路），改造为适应互联网虚拟条件的认知地图的工作方式。综合利用多种互联网地图（网络电子地图、卫星影像地图、三维数字城市、全景街景功能），形成有序、交叉、多维的互联网认知地图方式。

互联网条件下，根据认知地图设置四个层级（点—线—网—区），如在江南城市的认知路径中，每个层级可分解为几种城市外部空间类型以展开研究：

点：城市标志建筑外部空间、重要交叉节点空间；线：城市道路沿线空间、城市滨河空间；网：将重要道路网、河道网连接形成认识网格；区：城市重要的街区外部空间、城市综合体外部空间、城市开放空间。

（3）基于互联网数据的城市外部空间评价模型构建

互联网条件下的城市外部空间评价宜采用数据分析的方式进行。研究拟采用多因子加权叠加的综合评价方法，分析步骤分为：选取影响因子；因子数据采集；单因子分级评价；加权叠加评价。

首先，在评价体系中选择影响因子绘制出一级评价层次 A、B……如环境质量、行为活动、景观美学等几个大类；其次，在大类构架下区分出二级评价层次 A_1、A_2……如将环境质量分为噪音环境、日照环境、体感环境等；再次，在景观美学中划分为统一性、多样性、特异性等，并针对每个影响因子设定评分标准，评估不同分值；最后，结合设计项目的特点倾向，赋予各影响因子的权重 W，加权累计得到最后的分值 S，作为该地段城市外部空间的总评价（表4）。在认知地图的基础上可以针对不同类型的城市外部空间，如城市标志建筑外部空间、城市道路沿线空间、城市滨河空间、城市综合体外部空间等设计有区别的评价模型。分析过程中涉及大量的数据处理及分析判断，可借助数据库软件、AHP 层次分析法、专家意见、问卷调查、视觉及心理学数字模型来处理。

表4：基于互联网数据的城市外部空间加权评价模型示意

表格来源：作者绘制

一级评价层次	二级评价层次	评价分项	分值	权重
A	A_1	评价分级1	分值1	因子权重 W_{A1}
		评价分级2	分值2	
		评价分级3	分值3	
		……	……	

续表

一级评价层次	二级评价层次	评价分项	分值	权重
A	A_2	......	......	W_{A2}
	A_n	......	......	W_{An}
B	B_1	......	......	W_{B1}
	B_n	......	......	W_{Bn}
总计	......	......	分值 S	$\sum_{i=1}^{n} W_i = 1$

（4）实地调研与网络分析的比对试验

研究可利用高校平台，结合建筑学相关课程、科研创新项目，组织学生进行调研实验，设传统方式城市外部空间实地调研组和以互联网数据为基础的城市外部空间调研比对组。通过比对实验，检验基于互联网数据的城市外部空间认知与评价模型。通过比对两者的结果与差异，调整、修正互联网平台的数据采集、影响因子选取与分级、综合评价的工作过程；通过反复校验，得到实地与虚拟重合性较高的计算模型（图10）。

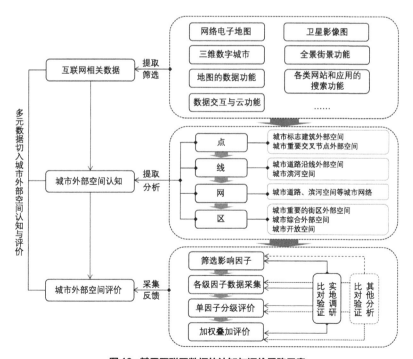

图10：基于互联网数据的认知与评价思路示意

图片来源：作者绘制

2.4 量化分析：基于空间句法的"外部空间—街区"重构方法

计算机技术发展为数字化分析提供了基础，通过量化分析与数据计算来研究城市街区的空间形态构建、功能组织等的实践迅速兴起，并从基础数据的可视化展现转变成对分析研判的深入支持；可为空间形态特征的提取和基于空间中的行为、感知和活动的研究提供精准、高效的科学研判[92]。

2.4.1 空间句法量化分析的优势

（1）空间句法计算分析

空间句法相关计算软件是基于空间句法理论[93]的量化分析手段。得益于计算机技术的发展，其算法不断完善，目前常用的计算软件有基于 CAD 的 UCL Depthmap 和基于 ArcGIS 的 Axwoman2。其中，轴线分析法最具有实用价值，在一定条件下，其分析结果能较好地模拟城市现实状态，各类参数图示化的表达方式直观可见。此外，其操作过程并不复杂，一般建筑学和城市规划专业人员经过短期培训即可掌握，有利于研究成员组内使用。

空间句法理论指出，比空间更重要的是"空间与空间之间的关系"，提倡从街区的空间结构特点出发，探索修补城市空间、推进街区重构的方法。因此，在本研究相关的探索中，根据样本区域的基础调研，梳理其中外部空间在数量、分布、形态等方面的信息，对街区中的外部空间要素进行粗选；利用空间句法等方法，科学展示城市街区形态演化与外部空间要素之间增减、联合、调整的复杂作用机制，并将其映射在街区形态、中心街道、区域交通等物质层面的长度、数量、整合度、全局深度、选择度之上；继而归纳适宜街区重构与活力营建的外部空间类型集合及组合方式。科学建立对城市街区复杂要素的认知、分析、模拟、评价、反馈过程，并可通过模拟展示未来趋势。

---

[92] 叶宇，黄鎔，张灵珠.量化城市形态学：涌现、概念及城市设计响应 [J].时代建筑，2021（01）：34-43。

[93] 20世纪70年代由英国伦敦大学比尔·希列尔（Bill Hillier）首先提出并形成一套完整的理论体系与方法，以及专门的空间分析软件技术。其主要思想是研究整体性的空间元素之间的复杂关系，探讨建筑与规划设计所蕴含的对人的深层含义，以及模拟新创造出来的空间对现有的城市活动的影响。

其中，基于角度分析（Angular Analysis）的线段模型（Segment Map），改良了早期空间句法计算难以考量空间距离的弱点，每个参数下可设定不同的计算半径。如本研究探索以半径 R=500m（日常步行 10 分钟以内）、半径 R=2 000m（日常步行 30 分钟以内）、半径 R=5 000m（日常驾车 15 分钟以内）、半径 R=10 000m（日常驾车 30 分钟以内）等为参考，来对应不同半径的人的活动形态，如社区服务、购物、上学、工作等。每个城区单元可形成 5（参数）×4（半径）以上的大小街区结构对比图，为进一步分类研判提供依据。其中常用的参数如下：

①线段长度（Segment Length、Total Segment Length）

计算街道轴线总长度及不同半径范围内轴线总长度的数量。反映城区路网密度、不同交通方式下街区路网的密度。

②空间数（Node Count）

计算以某街道轴线中点为圆心、一定半径内街道轴线的数量。考察一定尺度范围内街道、街区的数量。

③整合度（Integration）

计算街道线段与周围街道线段连接的关系。与周围街道线段连接的数量越多，代表街道的可达性越高，可以表达城市中心区域的结构。

④全局深度 / 全局拓扑深度（Total Depth）

计算街道线段到任意其他街道步骤数量的累计。与空间整合度有类似之处，街道的关联数越高表明人流量可能越大，越可能成为中心街道。

⑤选择度（Choice）

计算街道线段出现在最短拓扑路径上的次数。该参数通常意味着该街道吸引交通的潜力。与整合度相比，其更侧重于基于人的行为心理的交通方面的考量。

（2）GIS 地理信息系统及数字化叠图助力

地理信息系统（Geographic Information System，简称 GIS）是获取、处理、管理和分析地理空间数据的重要工具、技术和学科。地理信息系统基于数据库管理系统（DBMS）管理空间对象。GIS 具有空间数据的获取、存储、显示、编辑、处理、分析、输出和应用等功能，具体可以利用 Arcview 软件来完成基本操作。对城市中片区、通道、节点的选择与分布等分析具有一定的针对性优势，可为城市规划、城市设计提供科学支撑。

此外，须重新审视由传统的 GIS 分析方法引发的批判与争论，站在"本体论"的立场，重视定性数据的作用和影响，把定性的数据放入定量的 GIS 工具中，叠加定性视觉的研究方法。研究中可利用 Arcview 软件绘制图示、统计数据以供判断。参考城市空间网络构成要素分析工具包 Urban Network Analysis Toolbars（UNA）的"空间节点 + 网络分析"的城市设计尺度的网络优化方法，可为分析节点增加人流量、居民数等权重。如在考察城市街区重构和活力营造的可能途径中，为了考察外部空间要素的相关操作（增减、联合、调整等）对样本街区的空间结构及环境品质的影响，可以借助 GIS 平台，将考察区域的城市街道、绿地、广场、水体等进行参数化，利用数字平台的图形叠置、缓冲区产生以及专题图制作功能，建立外部空间要素嵌入操作前后的对比图集，直观地展示街区更新的多种可能性及相关计算结果。

2.4.2　关键科学问题

（1）适宜于街区重构、活力营建的外部空间类型的发掘与筛选

以街区及路网形态为依据，结合我国城市控制性详细规划一般方法对外部空间进行适宜的分类，根据重构街区原则等要求以穷尽方法逐一筛选。

（2）构建数字模型，街区空间采样并进行参数设计及模型量化分析设计

构建数字模型，根据参数设定进行采样，对既有城市街区进行量化分析，辅以实地调研，从而对模型进行验证、优化；在此过程中，拟采用 GIS 地理信息系统工具、空间句法软件等量化分析软件，建立针对外部空间的、操作前后在街区结构、形态、活力等方面的对比，为街区重构、形态优化、活力激发等提供科学参考。

（3）城市小街区更新、活力营造的设计策略可行性研判及应用

在数字化分析的基础上，可结合我国国情，就设计方法与政策建议两个方面为城市建设提供参考。需要在理论分析、模型模拟的基础之上，进行归纳整理、分析研判、剔除可行性较低的方案等操作。该过程中不可避免地需要分析人员进行主观判断，可根据需要借助因子加权评价法、AHP 层次分析法、专家评价法等分析工具，提高判断的科学性。

2.4.3　方法与途径

利用数字化平台的优势，可对研究范围内的复杂空间要素进行科学量化分析。实现对街区中可利用的外部空间要素的发掘挖潜；分析街区中外部空间要素相关的可能操作对市街区在形态、中心街道、区域交通等方面的影响；以可视化的方式模拟、预测街区在空间、社会维度可能发生的变化和影响（图 11）。

（1）量化城市数据，构建街区空间对比体系

量化导入前期城市调研数据，考察空间平面布局、形式等基础信息，建立对比体系。以街区为基本尺度构建城市抽象模型，需要提取并量化详细城市信息，标注存量或潜在的外部空间；将待考察的外部空间类型进一步细分并根据评价标准进行打分；构建外部空间在增减、联合、调整等情况下的城市街区前后图形关系对比，以分析其对街区结构的影响，为后续模型计算做准备。

（2）抽象量化空间要素，确定有效变量，计算权重和开放程度分值，考察控制点影响

将前期调研数据进行筛选并导入对比模型，在此过程中，外部空间的面积、长宽比、开放程度等要素被量化地嵌入数据之中，将有形的外部空间抽象为控制点，代入模型进行进一步计算。在分析街道与街区空间关系方面，可借助空间句法相关计算软件（如基于 CAD 的 UCL Depthmap 和基于 ArcGIS 的 Axwoman2）中的轴线模型进行模拟计算，根据空间句法计算方法的特点，遴选其中几种参数作为考察对象（表5）。

表5：空间句法的主要算法

表格来源：作者绘制

计算项目	英文名称	计算方法
线段长度	Segment Length	计算街道轴线总长度及不同半径范围内轴线总长度的数量
	Total Segment Length	
空间数	Node Count	以某街道轴线中点为圆心，其半径内街道轴线数量
整合度	Integration	计算街道线段与周围街道线段连接的关系
全局深度 （全局拓扑深度）	Total Depth	计算街道线段到任意其他街道步骤数量的累计
选择度	Choice	计算街道线段出现在最短拓扑路径上的次数

模型计算须科学确定计算范围，需要根据软件的特点，选取的城市范围内的空间结构要尽可能完整，考虑对应不同半径的人的活动形态进行参数设置，如社区服务、购物、休闲、上学、工作等。根据研究单元特点形成 5（参数）×4（半径）以上的新旧街区结构对比图，进一步分类研判，考察在街区形态、中心街道、区域交通等方面的前后变化。

（3）数字化叠图建立对比图集，以可视化模型计算结果

数字化叠图以 GIS 软件为核心，结合数字地图信息，以前述考察的外部空间要素为主要变量，图形化展示不同的外部空间要素对街区空间结构及环境品质的影响。以图形的方式，展示不同性质、形态的外部要素及其组合（如城市街道、绿地、广场、水体等）对街区环境的贡献以及对街区生活的影响;利用地理信息系统（GIS）技术,可将调研街区的外部空间（如交通道路、绿地、水域等）数字化，在面积、长宽比、开放程度等层面进行打分;依靠 GIS 软件的图形叠置、缓冲区产生以及专题图制作功能，对这些要素在嵌入操作（增减、联合、调整等）前、后的街区环境及结构作出评价，建立对比图集，为城市更新改造提供及时、形象、定量的科学参考。

（4）建立评价体系，考察模型计算结果，反向优化模型

模型理性计算需要结合实际情况进行科学评价，针对前述模型计算结果和数字化叠图，需要进一步综合评价，为最终提炼形成城市设计方法和规划管理技术方法提供参考。重点从空间形态、空间分布、交通流线三个方面考察存量外部空间类型及其集合。

在具体评价中，拟引入"社会—空间"综合价值参数，采用专家评价法（或德尔菲法）对各参数下不同半径的多幅结构对比图进行分项打分;然后通过多因子加权法叠加权重累计，得到各类型的总评价值，除计算单一的空间类型外，还需要计算适宜于叠加的多类型空间组合;最后通过评审方式，综合权衡各方面利弊，判断该类型外部空间是否适宜成为街区重构的元素，最终得到适宜的外部空间类型及其组合方式的清单。这一计算与评价过程，与城市既有空间形态有着重大关联，对不同地域、不同城市乃至不同城区需要分别计算，设定不同区位下适宜的清单范围，形成"优选集""控制集""一般集"，分别对应高、中、低三个集合，对下一步城市设计方法和政策制定形成指导意见。

需要指出的是，在此过程中，需利用评价体系和反馈机制检测、验证模型，推进模型的系统深化。

（5）街区营建的政策建议

基于外部空间嵌入而新建构的通道，是街区结构和尺度重塑的基础条件。通过外部空间的增减、联合、调整等操作，可以将大街区单元重新分割为小尺度街区单元。在街区营建的整个过程中，除了在宏观城市空间结构层面进行规划干预引导外，还需要在微观更新层面寻求适宜的操作策略，针对不同性质的街区实施有区别的策略。每一类别下归纳的设计方法需要进一步分析比较，根据方案的投资大小、成效好坏、生态环保、社会反映、

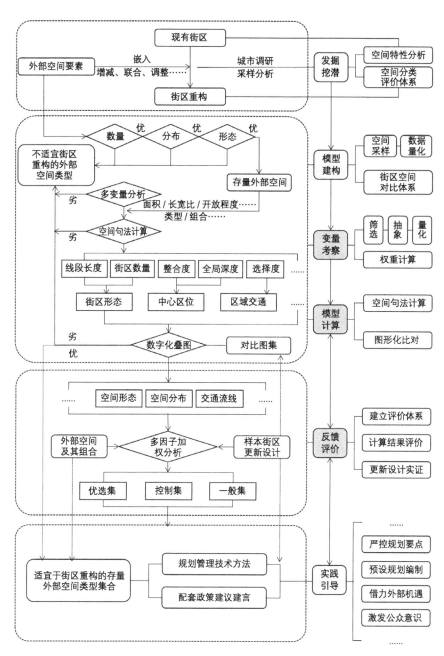

图 11：基于空间句法的街区数字量化分析方法与街区重构思路

资料来源：作者绘制

建设周期等内容进行多项评价，结合模型计算结果[94]形成针对性的方案集。根据我国街区发展的特点，可以将以下几个方面作重点关注：

第一，严控规划要点：在拆除新建街区，首要的是规划要点控制，明确地为外部空间的系统建构、优化升级提供保障；第二，预设规划编制：在保留街区，要预先设计好小街区规划编制，以衔接各街区内部可能通过更新改造而形成的负形通道；第三，借力外部机遇：在更新投入方面，可借力"城市事件""城市触媒"等时势因素增加公共投入，如利用"棚改"政策加快小街区营建；第四，激发公众意识：针对一些超大型街区，现实中封闭管理已难以为继，可在政策上制定相应策略，引导超大型街区自发地改造为多组团的小街区，并在资金和管理上加以扶持和倾斜。

2.4.4 常见的城市认知评价途径与量化方法

互联网时代，数字平台可将抽象的城市外部空间、感性体验进行量化，方便其内部纵向和横向之间的比较。数字模型量化计算的结果可通过实地勘察来验证，空间句法计算中的空间整合度和全局深度所表示的城区中心区、中心街道的区位可通过实际体验感知获得；交通选择度所代表的交通骨干线可通过观察计数的方式验证。在发掘和筛选外部空间类型的过程中可采取认知地图、问卷调查、揭示偏好法、陈述偏好法等方式进行调研。认知地图的方法可与图像基模、感知投射等相结合，以获取认知数据。结合问卷调查，通过揭示偏好法（Revealed Preference）、陈述偏好法（Stated Preference）总结人们的行为偏好，建立统计数据为后续研究提供基础。

城市的认知与评价过程中除涉及量化分析计算外，往往还涉及主观评判的环节，这一过程可通过多因子加权评价等方法参数化，可以更加全面而精确地反映相关城市街区空间的质量。如 AHP 层次分析法、因子加权评价法、专家评价法、德尔菲法等，在本章前述的数字化评价分析过程中，在影响因子赋予权重的环节 AHP 层次分析法是主要工作方法；数字模型计算中各参数综合评价、设计方法分级评价拟采用因子加权评价法；在涉及主观评判的环节拟采用专家评价法、德尔菲法，在定量和定性分析的基础上，

---

[94] 模型计算可反映城市街区在空间形态、空间分布、交通流线等方面的前后比对：是否呈现小街区化，路网密度有无大幅提高，路网分布是否平衡；中心区的区位是否飘移、范围有无扩大、新增扩的方向是否符合城市发展；交通骨干线有无改变，新增街道空间承担交通流量是否变化，城区整体交通便利性是否提高。

以打分等方式作出定量评价。

数理统计：（Mathematical Statistics）是伴随着概率论的发展而兴起的一个数学分支，研究如何有效地收集、整理和分析受随机因素影响的数据，并对所考虑的问题作出推断或预测，为采取某种决策和行动提供依据或建议。它以随机的观察试验所取得的资料作为出发点，以概率论为理论基础来研究随机现象，根据资料为随机现象选择数学模型，且利用数学资料来验证数学模型是否合适，在合适的基础上再研究它的特点、性质和规律。

多变量分析：（Multivariable Analysis）是统计方法的一种，包含了许多方法，多变量分析是从最基本的单变量分析延伸出来的，是统计资料中有多个变量（或称因素、指标）同时存在的统计分析，是统计学的重要分支，是单变量统计的发展。

PCA 主成分分析法：（Principal Component Analysis）是把原来多个指标化为少数几个相互独立的综合指标的一种评价法，以达到数据化简（降维）的目的，揭示变量之间的关系，为分析总体的性质和数据的统计特性提供重要信息。

AHP 层次分析法：（Analytic Hierarchy Process）是将多因子多维分解为两两因子间的相对比较，再通过矩阵数学计算得到各因子的分项权重，相对于传统方式，该方法客观而精确，可采用相关软件计算（如 Yaahp 层次分析法软件等）赋予影响因子权重。

因子加权评价法：（Sequential Weighted Factortechnique Method）通过设定影响因子、单因子分级评价、赋予因子权重、综合计算的过程将事物的多重因素数字化并综合，是城市规划、城市景观环境分析研究中经常采用的一种计算方法。数据综合评价方法有因子叠加法、因子加权评分法等。因子加权评分法按照各因子影响力的不同，赋予不等的权重，通过权重调节影响力，因子加权评分法已广泛应用于建筑和城市规划领域。如在本章提及的数字模型计算中，对各参数的综合评价、设计方法分级评价适宜采用此方法。

熵权法：（Entropy Method）可确定指标权重，评价结果虽然具有较强的数学理论依据，真正做到了符合客观实际，但没有考虑决策人的意向，缺乏针对性。因此，要想获得更好的评价结果，应将熵权法与主观赋权法（如层次分析法）结合，使决策者的主观判断与待评对象的固有信息有机结合，实现主、客观的统一，才能得到更加科学的结果。

德尔菲法：（Delphi Method）也称专家调查法，在定量和定性分析的基础上，以打分等方式作出定量评价，其结果具有数理统计特性。为避免专家间的意见相互影响，采用背对背的通信方式征询专家小组成员的预测意见，最后得出更为准确的意见。传统的专家评价法是对专家的意见进行整理、归纳、综合得出的预测结果；而德尔菲法是将意见综合、整理、归纳后反馈给各专家，以供其继续参考，反复多次逐步使意见趋向一致。

其他辅助主观评价的方法：如景观美学中的 SBE 美景度评价法、视觉环境质量分析中的 LCJ 比较评判法，还有一些心理学数字化模型（如人工神经网络模型）等。互联网时代，人的行为、喜好、情感都可以被数字化地分析，当然也包括城市外部空间的认知与评价过程。数字化模型将传统的以主观感受和经验推导为主的研究方式，转变为相对理性和符合逻辑的研究方式，是城市研究的一大发展方向。

2.5　小结

街区作为城市系统的有机构成，其活力受内部各构成要素的影响，存在微观要素与宏观整体相互影响的复杂作用机制。梳理城市系统中"局部—整体"互动的相关理念，分析街区营建相关的特色实践，在"城市—街区—要素"的有机互动基础上，选择合适的切入点进行精准的操作，可激发城市街区的自组织作用，"以点带面"推进"城市—街区"的活力营建。

信息时代的城市街区活力营建，须在尊重"城市—街区—要素"的复杂互动关系基础上，利用数字化平台进行量化分析和模拟预判。可利用信息时代多元数据优势切入城市空间的认知与评价，分层剖析复杂的城市问题；构建数字模型对其进行系统性分析与适宜性研判，探索城市街区更新、激发街区活力的本源性切入点。

3

活力激发营建

城市街区的活力对带动某一个城市或某一个区域的发展有着重要的作用，尤其是在城镇化的后半程，城市建设的重心由"量"的拓展转向关注"质"的提升，建成区的活力激发成为城市更新中重要的环节。针对传统街区面临的活力降低、地域特色消逝、人文特点衰败的趋势，尝试从街区活力影响评价入手，基于地域人文特点，从"空间—行为"和"空间—人文"的角度切入多元评价，为街区的活力激发与营建提供参考。

3.1　城市街区的活力与认知

城市街区活力的概念涵盖了"空间"与"人"的双重意义，存在着"空间—行为"的互动作用，涉及城市中"空间—文化"的共构。梳理近现代城市研究中对活力的认知与测度，可构建科学的活力评价思路与方法，以量化分析的方法引导"小而微"的精准性更新操作。

3.1.1　活力的概念

活力的概念来源于生物学、生态学，意指生命体维持生存、发展的能力。我国的《当代汉语新词词典》对"活力"的解释为：旺盛的生命力和事物得以生存、发展的能力。其概念被广泛地应用于不同的研究范畴，在表述上针对具体的事物有不同的表征差异。

城市中与活力相关的研究，是建立在城市具有有机生命体特征的基础之上，源于对城市的复杂性、系统性、整体性、联系性的深刻认知。特别是在二战后，人们对现代主义生活模式、汽车泛滥、城市粗暴扩张等城市问题进行了一系列反思。在城市规划建设相关的研究领域，不同学者以独特的视角对城市活力进行了阐释与探索，指出城市活力受"空间—行为"互动的影响，并关系到城市"空间—文化"的传承，由人在空间活动的外在特征与环境要素两部分组成，并从不同的视角揭示各要素之间的关系与互动作用机制，以期指引城市空间营建方法论的创新。

3.1.2 近现代城市研究对活力的认知与测度

（1）近现代城市研究对活力的认知

在认知角度，简·雅各布斯（Jane Jacobs）在《美国大城市的死与生》中指出，城市的多样性与复杂性是其活力的基础，批判了粗暴的城市规划对城市活力的扼杀，指出从城市街道等日常空间，可深入触及城市结构的基本影响元素，并探索其中复杂的关联与相互作用机制，提出城市活力营造的基本原则——功能混合、小街区、不同年代建筑以及人群的集聚[95]。她认为城市的活力源于城市使用空间中各使用者之间的活动，为城市的活力评估提供可参考的基本框架。克里斯托弗·亚历山大（Christopher Alexander）在《秩序的本质》与《城市设计新理论》中，提倡以动态发展的视角看待城市问题，指出城市局部的动态发展对城市系统整体的形态产生影响，并提出"基核"的概念，指出在城市复杂巨系统的整体关系中，既存在整体对局部自上而下的支配与控制，也存在局部对整体的反馈与引导，两种作用动态平衡，构成了城市活力的内在影响机制。凯文·林奇（Kevin Lynch）在《城市形态》中，对聚落形态、城市文脉作出了综合的叙述[96]，指出活力是对生活功能、生态要求和人类需求的支持程度。同时论述了城市历史中的形态价值标准，将活力、感觉、适宜性、可及性和管理作为评价城市空间形态质量的重要指标。伊恩·本特利（Ian Bentley）等学者在《建筑环境共鸣设计》中提出，活力是场所对多样功能的接受能力，而"有共鸣""有活力"的空间场所不仅能够支撑、容纳多种社会活动，还能为使用者提供多样的活动选择。对可达性、多样性、可识别性、活力、视觉适宜性、丰富性、个性化进行了探讨。

在指标与营建策略层面，彼得·卡茨（Peter Katz）等学者在《新城市主义：走向社区建筑》[97]中指出，建筑是形成街区的基本元素，影响城市街区活力的重要因素包含功能的混合性、布局的紧凑性，以及适合步行的尺

[95] Jacobs J. The Death and Life of Great American Cities[M]. New York: Vintage, 1961: 56–134。

[96] 凯文·林奇提出影响城市空间品质的五大评价要素——活力、适宜、感受、可达性和管理，活力是影响城市空间品质的首要标准。凯文·林奇从人类学的角度对活力进行定义：以聚落形态支持生命机能、生态要求和人类能力的程度，以及保护物种延续的能力。对于现代城市社会，活力是指提供地区的生命力和支撑人群活动的能力，以及人群丰富的公共生活的激发能力。

[97] Katz P, Scully V J, Bressi T W. The New Urbanism: Toward an Architecture ofCommunity[M]. New York: Mc Graw–Hill, 1994: 23–47。

度和适当的建设密度等。约翰·蒙哥马利（John Montgomery）在《城市营造：城镇化、活力与城市设计》[98]中，提出了改善城市形态、街道生活与城市文化的设计原则和策略，探索在机动车主导的城市中，欧洲传统城市的步行空间模式的转译策略。从人性化的尺度、街道的连通性、合理的肌理、密度等方面提出了 12 个活力指标，为现代城市发展环境下的城市与街区活力营建提供参考。

（2）数字时代城市活力研究与发展

随着"人本主义"思潮的深入人心，活力营建成为城市建设的重要议题。随着数字时代的到来，越来越多的学者开始利用数字平台，从定量分析的角度，用数据对城市活力进行相关研究。

在认知层面，我国学者蒋涤非在总结回顾国内外城市活力相关研究的基础上，提出城市活力是针对城市生命体特有的有机组织旺盛程度和新陈代谢节奏的一种描述，受到经济活力、社会活力以及文化活力的共同影响。笔者通过对复杂、动态的城市发展背景下城市生长现象的研究，指出在复杂、动态的城市发展中存在着"生长点"，从形态层面与作用演化特点两个层面分析其自下而上作用于城市的过程及内在作用机制；指出需基于中国城市发展的特点，利用城市生长点的建设去协调城市发展、促进城市的有机生长与街区的活力营建。陈喆和马水静提出"街道活力"概念，认为丰富的街道活动意味着街道的活力，是社会活力的外在表现，并在人群活动分析的基础上提出了城市街道活力营建的一般原则。童明指出，良好的城市肌理对城市活力具有重要的激发作用，能够将城市形态、交通以及城市设计方法与城市网络进行有效关联，并提出了提升城市活力的一般原则。徐煌辉和卓伟德基于对城市问题的分析，指出城市中良好的公共空间应当富有活力且具有自我完善和强化的能力，指出可以以公共空间为切入点推进城市的有机、有序发展。

在指标分析与营建引导层面，龙瀛、周垠构利用手机信令数据、POI[99]等数据，在成都市域范围内进行城市活力的量化分析，探索影响城市活力的深层次原因。廖辉等人以解决历史街区活力衰退问题为出发点，运用街道空间活力定量分析系统对居住街道进行分析，并找出影响街区活力的要

98　Montgomery J. Making a City：Urbanity，Vitality and Urban Design[J]. Journal of Urban Design，1998，3（3）：93–116。

99　Point of Interest 的缩写，意为"兴趣点"。在地理信息系统中，1 个 POI 可以是 1 栋建筑物、1 个商铺、1 个公交站、1 个景点等。

素。雷诚等人以营造公共空间活力为视角，对不同使用人群展开问卷调研，运用模糊评价法、层次分析法，构建居住型历史街区公共空间活力评价体系，探索街区活力影响因素。

（3）活力的二象性特点

空间为人的活动提供了载体，人在空间使用过程中也对空间产生一系列需求，虽然不同领域的学者对城市活力研究的视角不同，但对城市活力的二象性已基本达成共识：基于城市空间影响的城市活动就是城市活力。

城市的活力存在"空间"与"人"同构的深层机制，受物质空间形态与人的行为活动双重影响，且两者相互作用，不可分割。因此，关于城市街区活力的研究也应重视对空间形态特征和人的行为感知两个层面的测度。根据马斯洛需求层次理论和体验经济等相关理论，城市人群在街区体验中存在以下几个层面的基本需求（安全需求、舒适需求、社会交往需求），在满足基本需求的同时会激发必要性、自发性和社会性活动，是城市街区活力的重要基础（表6）。

表6：城市街区使用者需求及对空间特征的要求

资料来源：作者团队绘制

需求层次	内容	空间特征
安全需求	人最基础的需求	空间的安全性会带给人群心理上的稳定、放松感，为人群长时间的停留提供基础
舒适需求	决定着人群在公共空间活动的意愿和时间	体现在空间自身结构、周边环境质量和配套设施等方面
社会交往需求	人在基础需求获得满足后，会本能地产生社交需求；以社交为中心，也反向对自身行为产生影响	高品质、特定类型的空间，能够为人群创造满足不同社交需求的场所，激发人们的社交欲望，提升街区活力

必要性活动：人们在日常生产生活过程中必须进行的活动，包括被动性活动，如工作、学习、餐饮、如厕等，该类活动对空间品质的要求较低。

自发性活动：为了满足自己某种需求，在特定的时间、地点自发进行的活动，这类活动大部分与休闲娱乐相关，例如健身、摄影、散步、休息等。这类活动一般对"空间"存在一定的要求，如空间的环境、设施等需要达到一定品质以激发自发性活动，自发性活动很容易转化成社会活动。

社会性活动：指人与人之间共同进行的活动，需要一定数量的参与者共同展开，例如交谈、下棋、游戏等多人共同参与的活动，对"空间"及"人"

均有一定的要求。

3.1.3　活力评价思路与方法

随着城市设计相关理论的发展与实践，城市空间活力逐渐被证实为可测度与可视化表达的。由于活力激发的研究对象多以传统街区为主，其活力激发也受到地域人文特点的影响。因此，本章节以江南城市中具有地域特色的传统街区（滨水街区）和历史性街区（历史文化街区）的活力特点来展开研究，此方法也可拓展到其他类型的街区研究中。

（1）评价框架搭建

根据城市空间活力的二象性特征，可基于"空间"与"人"同构的特点，在"空间—行为"互动的基础上，从物质构成和表现特征两个层面切入活力研究，基于"空间—文化"共构，对街区空间构成和活力特征进行比对，探索影响街区活力的主要因子和显著要素。可通过对相关理论的梳理、文献阅读，结合专家调研、实地调研与网络开源数据的爬取进行补充，构建活力评价的总体框架，同时结合地域条件的特点与评价的侧重，筛选数据来源，制定科学的评价标准。

（2）筛选数据来源

针对空间的基础特征：在现状地图的基础上结合空间句法理论进行建模，以获得分析空间结构的指标数据，从而对空间基本特征进行分析；利用互联网分类爬取数据，并载入数字地图中[100]进行分析，可补充传统的空间功能性调研；对于感性的舒适性研究等，可利用影像语义分割技术等[101]对传统调研与主观评价进行补充。此外，对于人群聚集与分布特征，选取手机信令信息、热力图进行分析；其中百度热力图为半开源数据，获取方便，且可以较为精确地描述多个街区尺度的人群聚集情况。

针对历史文化特征：可通过实地调研、规划资料查询的方式获取相关资料，可对街区历史遗留情况进行调研并载入数字地图中；构建街区物质要素特征的分布、品质、影响等方面的评价。针对非物质层面的影响，可通过实地调研、走访、地方志资料查阅等方式，对街区内的文化传统、饮

---

[100]　互联网地图除传统地图功能外还复合有大量数据信息。包括全景地图、POI 数据、热力图、测距，几乎涵盖了全部居民生活相关设施，可以通过一定技术对其进行爬取，并借助 GIS 平台连接至分析地图中。

[101]　影像语义分割技术，可对实地的空间尺度、整洁度、设施状况和绿化状况进行描述。

食习惯、庆典节日等情况进行梳理。

（3）分析与评价方法

街区的活力受地域自然条件、社会人文等多方面影响，须对其多层次复杂影响要素进行分级降维分析，以得到综合评价。可选取模糊综合评价法[102]、层次分析法[103]、德尔斐法[104]，以及主成分分析法、熵权法、灰色系统方法[105]、人工神经网络评价法[106]等。

3.1.4　量化分析引导"小而微"的活力营建

（1）从城市的系统性出发，科学分析、引导空间优化

随着我国城市建设的重点转向高质量内部更新，在城市更新中如何避免大拆大建对城市建成区造成二次伤害，改善存量空间的环境品质，是现阶段城市实践的重点。量化分析、引导的精准性活力营建，具有系统性、科学性、人本性的特点：从城市系统内部的有机互动出发，采取"小而微"的操作方式，利用城市"局部—整体"的良性互动，激活城市的"自组织作用"，有助于激发城市街区的持久性内生活力；利用量化分析发现城市街区的空间"症结"，发挥模拟预判优势，为精准性活力营建提供科学参考，避免大规模拆、改、建造成的城市伤害。

（2）从活力二象性出发，发掘活力触发点

城市活力研究主要是以"场所"为对象，关注场所自身的空间形态特征，重视物质空间的基本属性（如功能、尺度、容积率、密度等），通过物质空

---

[102]　模糊综合评价法：利用模糊数学原理对具有模糊性的事物进行分析评价，以模糊推理的分析方法为主，结合定量与定性分析，根据分值大小对评价对象进行评价排序，确定评价对象的等级。

[103]　层次分析法：将与决策有关的元素简化为多个层次，并对其进行定量和定性分析的一种方法。此方法在本研究体系的搭建中起到重要作用。

[104]　德尔斐法也称专家打分法，多与层次分析法相结合使用，对比同一指标的重要程度，以得出评价因子对比表，最后利用数学方法计算得到代表同一影响因子重要性的权重。

[105]　灰色系统方法：以灰色理论为基础、以层次分析理论为指导的一种定量计算与定性分析相结合的评价方法。该方法特别适用于对系统中的定性因素进行定量评价，较好地解决了评价体系中评价指标复杂、模糊的问题，是目前一种较为先进、科学、客观的评价方法。

[106]　人工神经网络评价法：基于人工神经网络的多指标综合评价方法，通过神经网络的自学习、自适应能力和强容错性，建立更加接近人类思维模式的定性和定量相结合的综合评价模型。

间的调整对城市活动进行干预引导。"空间—行为"互动将物质空间与使用主体进行关联,尊重城市内在的秩序和规律特点,通过使用主体对空间的认知评价,把握街区活力的核心问题,对发掘活力触发点具有重要的意义。

传统城市的活力激发不仅要关注物质层面的建设,同时还需要基于"空间—文化"共构,传承城市文脉。关注城市街区乃至整个区域的环境、人文、建筑、景观等所蕴含的历史文化因素长期的有机互动,采用"小规模、微尺度"的优化措施,推进街区自主更新的连锁效应,塑造具有地域特色的文化及空间形态。

(3)以量化分析引导,"小而微"精准切入

城市更新项目的尺度规模分异较大,大部分更新项目涉及多方协同,实践中存在编制周期久、操作流程长的问题,往往涉及不少指标的调整。"微更新"为城市更新提供了新的切入角度,提倡以老旧街区的公共空间、设施为操作对象主体,在不涉及用地性质、容积率等指标调整的基础上,其对于街区活力营建具有易操作、易实施的特点;关注使用者的日常生活切实需求,具有人本性特点,可自内而外地激发街区的内生活力,"以点带面"推进城市的有机更新与可持续发展。

3.2 "空间—行为"互动:滨水街区活力评价与营建

滨水街区作为江南城市中独具特色的构成,自古以来拥有旺盛的生命力。然而随着城镇化进入后半程,如何在尊重其地域空间特色的基础上进行活力激发,成为江南地区城市更新中重要的一环。本节将选取苏州地域特色的滨水街区为样本,探索从"空间—行为"互动角度切入街区活力的评价与营建。

3.2.1 影响因素与评价框架

街区空间活力受多维复杂要素影响,可根据活力的二象性,从"空间形态"与"人的行为感知"切入空间物质层面和使用主体的互动:滨水街区的空间物质层面和社会人文层面的诸多要素相互影响,以水为核心形成了街区空间与居民行为的活力互动。滨水街区的空间组织、居民行为均会对街区活力产生"牵一发而动全身"的影响;滨水街区的活力特点也可反作用于滨水街区空间格局的优化。

在"空间—行为"互动基础上,可在空间层面构建"节点(吸引要素)—

途径（通达要素）—品质（环境要素）"的评价体系，在行为感知层面构建
"量（集聚规模）—质（文化品位）—内容（文化活动）"的评价体系（图12）。
可根据其涵盖的影响要素特点进一步细分，结合城市公共空间活力评价相
关文献中影响要素的词频分析进行筛选，确定三级影响因子（表7）。

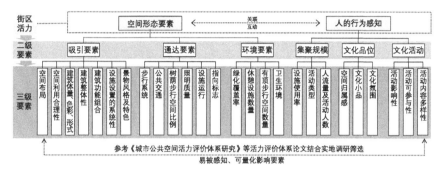

图12："空间—行为"互动活力评价框架

资料来源：作者团队绘制

表7：相关活力研究主要观点及内容

资料来源：作者团队绘制

研究方向	作者	主要观点及内容
城市公共开放空间活力	刘颂 赖思琪（2006）	以上海黄浦江滨水区为例，构建基于多源数据的公共空间活力的定量测度方法，指出绿地率、公共服务设施密度、文化设施密度等对滨水公共空间活力的显著作用
	蒋涤非（2007）	从城市设计视角阐述城市活力的意义，将城市活力概括为经济活力、社会活力与文化活力
	黄骁（2010）	阐释城市活力的理念，从活力的特点出发，提出城市公共空间活力营造的五项原则
	臧慧（2010）	梳理国内外广场空间案例，探讨其空间活力的影响因素，提出广场活力的设计原则和方法
城市滨水空间活力	李秉宇（2010）	通过实地调研重庆滨水区公共空间，在剖析空间现状的基础上，系统性地提出滨水区活力提升的原则及策略
	常猛（2007）	通过对天津海河的实地调研，分析评价滨水区各个组成要素的使用情况，并针对分析结果提出人性化的改进方法
	高碧兰（2010）	提出从多个层面对滨水区公共开放空间的规划设计进行研究；通过研究不同时期具有代表性的国内外滨水区优秀案例，分析滨水区公共开放空间的特征，从而找出影响我国滨水区公共开放空间的因素
城市街道活力	张沛佩（2009）	指出城市滨水空间应注重多层面的活力营造，包括生态活力、文化活力、经济活力、社会活力。总结滨水空间活力营造的多项原则，提出基于四个层面的具体营造方法

研究方向	作者	主要观点及内容
城市街道活力	陈喆（2009）	关注街区中使用者的行为活动，并提出城市街道活力激发的组织原则
	苟爱萍（2011）	运用SD法调查南京市9条街道，在功能多样性、环境舒适度和交通可达性的基础之上，提出街区活力提升策略
城市街区活力	王建国（2021）	针对历史街区量大面广的多样、复杂环境，提出立足其特点的功能提升和适应性保护利用的研究和实践探索
	武联（2007）	以历史街区的保护利用为切入点，探寻历史街区的要素与城市活力提升的关系，并提出同仁民主上街历史街区的规划建设思路
	徐晓洁（2018）	对北京大栅栏、杭州南宋御街和成都宽窄巷子进行调研分析，总结其设计原则和手法，并对顺城巷进行景观设计研究

（1）空间因素

空间因素作为活力的载体和基础，与自然条件、地域特点等密切相关，须立足地域筛选活力的本源性要素。在本节研究中，研究团队从苏州传统街区的典型水陆空间格局[107]切入，在"空间—行为"互动的基础上进行影响因素筛选，结合使用主体对物质空间环境的需求进行评价；从节点（吸引要素）—途径（通达要素）—品质（环境要素）三个层面构建科学的评价体系，其具体内容如下。

①吸引要素（节点）

即满足人们娱乐的需求，是可激发人们的出行、聚集、交往等行为的空间要素，可分为功能吸引要素和视觉吸引要素。前者可为各种街区活动提供场所和功能支持，对滨水街区自发性的公共活动的发生频率、种类、持续时间等具有重要影响；后者往往对人的出行起视觉提示、吸引作用，是空间行为产生的激发要素。

②通达要素（途径）

人与活动发生节点之间的联系要素，是街区各种活力行为发生的必要条件。在滨水街区主要是指居民与滨水空间的路径联系，以各级道路为主，含桥梁、滨水步道、水埠等；还包括与通达性相关的功能类滨水空间节点，如公交车站、停车场、码头等，以及对人流起引导和分流作用的主次入口广场、与交通方式转换相关的换乘广场、通路及工具停放场所。

---

[107] 苏州早在宋代业形成水陆交织的54个街坊，其水路空间格局沿袭至今，街区活力与水系密切相关。

③环境要素（品质）

涵盖影响街区整体环境质量的各方面要素，包括水体、路面和店面等的环境卫生条件，以及为公共活动发生提供支持的各种设施。这些与滨水空间中的活动品质相关的环境条件与设施，一定程度上决定了滨水街区人与人、人与自然交流活动的发生频次与品质。

（2）行为感知因素

人作为城市空间的创造者和使用者，其行为模式、发生频率、激发特点等直接影响了街区的活力等级，并可反映人对街区的空间结构、形态、功能关系等多方面的内在诉求。考虑到文化作为城市街区的"灵魂"，其可参观性、可参与性对街区活力具有极为重要的正向影响，人的行为感知评价拟从"量（集聚规模）、质（文化品位）、内容（文化活动）"三个方面来系统展开。

①集聚规模（量）

集聚规模受城市事件与环境人口容量影响。一方面受社会层面的城市事件等影响，体现为交往、休闲、运动、游览等从众行为[108]；另一方面与环境人口容量有关，公共空间面积越大、数量越多，可容纳的使用者就越多。集聚规模一定程度上反映了参与者对街区的空间结构、形态、功能关系等多方面的回应，以及对居民社会文化生活的内在诉求，可通过人流量及活动人数、活动类型、设施使用率进行综合评价。

②文化品位（质）

侧重于精神层面的感知，反映人们对周围事物的认知程度。街区文化的感知程度，反映人们在精神层面对空间的需求，是街区空间活力的精神内涵，体现为街区的空间归属感、文化氛围，包括对文化小品等空间要素的认可程度。

③文化活动（内容）

侧重于人的行为层面的参与，反映对地域文化感知的测度。文化对人的影响来自于特定的文化环境和活动，文化活动又反向影响文化环境，文化活动一定程度上可以改变人们的交往方式和交往行为。可从影响性、可参与性、内容多样性方面进行测度。

---

[108] 从众行为，是指个体在群体的压力下改变个人意见而与多数人取得一致认识的行为倾向，是社会生活中普遍存在的一种社会心理和行为现象。

3.2.2 滨水街区活力评价

（1）样本

苏州作为典型的江南城市，早在宋代业已形成水陆交织的54个街坊，以外城河为边界，呈棋盘状的空间格局，水陆关系复杂多样，为滨水街区活力评价提供了丰富的样本资源（图13）。考虑到街区与水系的完整性与特征性，研究以外城河两岸1～2km为研究范围，以2～3个街区为单元选取典型样本[109]，根据水和街区的空间格局关系选取典型样本。（各样本单元编号见表8，其范围见图14，问卷设计见图15）

表8: 样本单元特点
资料来源: 作者团队绘制

水和街区关系类型	样本单元
水体穿过1～2街区	样本单元②⑤
水体穿过多个连续街区	样本单元③④⑥
护城河外侧街区	样本单元①⑦⑧⑨
护城河内侧街区	样本单元②③④⑤⑥

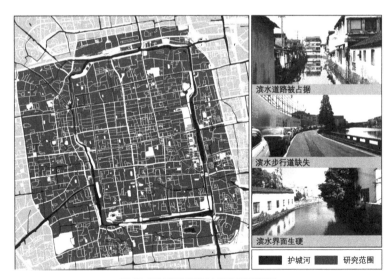

图13: 研究范围及滨水空间显著问题
资料来源: 根据百度地图绘制，右图作者团队拍摄

---

[109] 城市的滨水活动多结合慢行系统展开；步行时间15～20分钟、步行距离约为1～2km的活动强度让市民游客较为轻松舒适，步行范围约为2～3个街区，因此，研究选取2～3个街区作为样本单元进行研究。

古城区街坊的格局 　　　　　　　　　样本单元

图14: 样本单元

资料来源：根据百度地图绘制

滨水街区活力评价调研问卷

(下列评价描述如果你觉得非常赞同请打5分，赞同请打4分，不赞同也不反对请打3分，反对请打2分，非常反对打1分)

1.周边建筑空间上、功能上组合丰富合理，有休憩空间，步行空间，也有同时商业建筑，文化展览建筑等
Ⓐ5　　B.4　　C.3　　D.2　　E.1
2.街区有顶步行空间数量充足，为出行起到遮蔽作用
Ⓐ5　　B.4　　C.3　　D.2　　E.1
3.周边垃圾桶、公厕数量及位置合适，与周边建筑风格协调
Ⓐ5　　B.4　　C.3　　D.2　　E.1
4.周边空间利用合理，开放空间（公园、广场）充足，滨水空间的亲水性好
A.5　　B.4　　Ⓒ3　　D.2　　E.1
5.建筑体量适宜，建筑材料、色彩和符合自己对苏州传统建筑的期待
A.5　　B.4　　C.3　　Ⓓ2　　E.1
6.建筑整体性好，有统一的建筑风格，沿街建筑错落有序
Ⓐ5　　B.4　　C.3　　D.2　　E.1
7.周边建筑物美观、规划布局合理、色彩和谐，有地方特色
A.5　　B.4　　C.3　　D.2　　E.1
8.周边景观、雕塑具有美感及特色，地面铺装、阳台、门窗等细节古色古香
A.5　　Ⓑ4　　C.3　　D.2　　E.1
9.街区的环境适宜，水体干净，道路卫生干净整洁，沿河风光优美
A.5　　Ⓑ4　　C.3　　D.2　　E.1
10.周边照明质量高，夜间出行方便
Ⓐ5　　B.4　　C.3　　D.2　　E.1
11.周边设施运行正常，会定期保护，比如道路定期维护等
A.5　　B.4　　C.3　　D.2　　E.1
12.周边指向标识设置合理，能方便找到想去的地方
Ⓐ5　　B.4　　C.3　　D.2　　E.1

13.周边步行系统完备，道路空间尺度合适、路面干净平整和休憩点充足
A.5　　Ⓑ4　　C.3　　D.2　　E.1
14.周边公共交通便利，道路、桥梁充足，能方便到达街区与水边
A.5　　B.4　　C.3　　Ⓓ2　　E.1
15.街区的绿化覆盖率高，很多绿植
A.5　　B.4　　C.3　　D.2　　E.1
16.街区坐憩设施的数量充足，能很容易找到休憩节点
A.5　　Ⓑ4　　C.3　　D.2　　E.1
17.周边树荫下步行空间充足，夏天有很大的荫庇
Ⓐ5　　B.4　　C.3　　D.2　　E.1
18.周边设施完善，使用率高，每天都有很多人使用
Ⓐ5　　B.4　　C.3　　D.2　　E.1
19.周边人的活动类型很多，比如遛狗、跳舞、跑步等
A.5　　Ⓑ4　　C.3　　D.2　　E.1
20.周边人流量及活动人数很多
A.5　　B.4　　C.3　　D.2　　E.1
21.周边空间归属感强，符合自己对江南水乡的心里预期
A.5　　Ⓑ4　　C.3　　D.2　　E.1
22.石桥、亭子等文化小品多，博物馆、古戏台等文化景点深入人心
Ⓐ5　　B.4　　C.3　　D.2　　E.1
23.店招店面设计与文化氛围适应度，传统文化氛围浓厚
A.5　　B.4　　C.3　　D.2　　E.1
24.传统活动及水体的影响性高，会去水边走走，参加传统活动
A.5　　B.4　　C.3　　D.2　　E.1
25.传统活动的可参与性高，如中秋祭月，接财神，走三桥等活动
A.5　　B.4　　C.3　　D.2　　E.1
26.周边活动内容多样(遛狗、下棋、健身等)
Ⓐ5　　B.4　　C.3　　D.2　　E.1

图15: 滨水街区活力评价调查问卷样卷

资料来源：根据调研结果整理

（2）因子

根据前述的活力评价体系设计调查问卷并进行发放、回收，结合实地调研与信度、效度等数据收集处理[110]。利用 SPSS 软件进行因子分析并提取主成分（表9），其中"初始特征值"大于1的6项因子的"提取载荷平方和"累积方差百分比达 72.267%（表明该6项因子可描述、解释原来26个指标 72.267% 的信息量）。因此，提取前6项因子作为主成分并进一步确定公因子，参考活力评价体系进行重命名[111]。

在此过程中，6个公因子与评价体系的二级要素基本一致，符合因子分析中"主成分涵盖尽可能多的原始变量信息，且彼此间互不相关"的特点。因此，可根据二级评价要素对公因子进行重命名[112]：吸引因子、通达因子、集聚因子、环境因子、文化因子和活动因子，并保证每个公因子都涵盖多个具有相关性且产生聚合趋势的评价因子（表10）。

---

[110] 研究用 Alpha 系数衡量信度，得出问卷的 Alpha 系数是 0.926，说明信度非常好。KMO 值为 0.833，适合进行因子分析。

[111] 采用最大方差法正交旋转成分矩阵，并且按成分大小顺序排列，得到旋转后的成分矩阵，以使公因子更具有命名解释性。

[112] 各因子命名原则：
第一，在因子轴1中，成分负荷量高于 0.574 的评价因子有8项，包括空间布局，空间利用合理性，建筑体量、色彩、形式，建筑整体性，建筑功能组合，设施设置的系统化，景物风格与特色及活动可参与性，描述的是吸引游客、市民去滨水街区的因素，所以命名为吸引因子。
第二，在因子轴2中，成分负荷量高于 0.450 的评价因子有7项，包括树荫步行空间比例、有顶步行空间数量、指向标志、照明质量、空间归属感、步行系统和公共交通，描述的是滨水街区的可达性和易达性，这些都影响到滨水活动的产生，所以命名为通达因子。
第三，在因子轴3中，成分负荷量高于 0.509 的评价因子有4项，包括活动类型、人流量与活动人数及设施使用率、设施运行，影响人群的集聚状况，所以命名为集聚因子。
第四，在因子轴4中，成分负荷量高于 0.502 的评价因子有3项，包括绿化覆盖率、卫生环境和休憩设施数量，所以命名为环境因子。
第五，在因子轴5中，成分负荷量高于 0.732 的评价因子有2项，包括文化小品和文化氛围，所以命名为文化因子。
第六，在因子轴6中，成分负荷量高于 0.644 的评价因子有2项，包括活动内容多样性和活动影响性，所以命名为活动因子。

表 9：各成分总方差解释

资料来源：根据 SPSS 软件计算获取

成分	初始特征值			提取载荷平方和			旋转载荷平方和		
	总计	方差百分比	累积 %	总计	方差百分比	累积 %	总计	方差百分比	累积 %
1	9.901	38.083	38.083	9.901	38.083	38.083	5.863	22.550	22.550
2	2.788	10.723	48.806	2.788	10.723	48.806	3.926	15.101	37.651
3	1.978	7.607	56.413	1.978	7.607	56.413	2.579	9.918	47.569
4	1.725	6.636	63.049	1.725	6.636	63.049	2.557	9.835	57.404
5	1.339	5.151	68.200	1.339	5.151	68.200	2.051	7.890	65.294
6	1.058	4.067	72.267	1.058	4.067	72.267	1.813	6.973	72.267
7	0.926	3.563	75.830	–	–	–	–	–	–
8	0.708	2.722	78.552	–	–	–	–	–	–
9	0.686	2.639	81.191	–	–	–	–	–	–
10	0.632	2.432	83.623	–	–	–	–	–	–
11	0.609	2.344	85.966	–	–	–	–	–	–
12	0.527	2.026	87.992	–	–	–	–	–	–
13	0.440	1.690	89.683	–	–	–	–	–	–
14	0.414	1.594	91.277	–	–	–	–	–	–
15	0.359	1.381	92.658	–	–	–	–	–	–
16	0.324	1.247	93.905	–	–	–	–	–	–
17	0.255	0.981	94.886	–	–	–	–	–	–
18	0.228	0.875	95.761	–	–	–	–	–	–
19	0.223	0.858	96.619	–	–	–	–	–	–
20	0.201	0.773	97.393	–	–	–	–	–	–
21	0.164	0.629	98.022	–	–	–	–	–	–
22	0.147	0.565	98.586	–	–	–	–	–	–
23	0.125	0.481	99.067	–	–	–	–	–	–
24	0.104	0.398	99.466	–	–	–	–	–	–
25	0.086	0.330	99.796	–	–	–	–	–	–
26	0.053	0.204	100.000	–	–	–	–	–	–
提取方法：主成分分析法									

表10: 旋转后的成分矩阵 a

表格来源: 根据 SPSS 软件计算获取

公因子	指标	1	2	3	4	5	6
吸引因子（A1）	空间布局	0.824	0.171	0.115	0.163	0.130	0.029
	空间利用合理性	0.817	0.291	0.138	0.003	−0.079	0.268
	建筑体量、色彩、形式	0.810	0.092	0.149	0.242	0.180	−0.072
	建筑整体性	0.792	0.019	0.301	0.161	0.116	0.050
	建筑功能组合	0.711	0.201	−0.036	−0.024	0.414	0.085
	设施设置的系统化	0.698	0.426	0.055	0.041	−0.057	0.297
	景物风格与特色	0.653	0.256	0.212	0.309	0.378	−0.105
	活动可参与性	0.574	0.520	0.132	−0.308	−0.031	0.135
通达因子（A2）	树荫步行空间比例	0.036	0.777	−0.147	0.077	0.347	0.040
	有顶步行空间数量	0.132	0.731	0.197	−0.311	−0.016	0.197
	指向标志	0.321	0.683	0.134	0.286	−0.089	0.082
	照明质量	0.434	0.656	0.364	−0.079	−0.136	0.186
	空间归属感	0.595	0.622	0.173	0.141	0.087	0.050
	步行系统	0.375	0.496	0.384	0.194	0.118	−0.240
	公共交通	0.200	0.450	0.293	−0.017	0.437	0.212
集聚因子（A3）	活动类型	0.045	0.009	0.791	0.138	−0.041	0.004
	人流量与活动人数	0.335	0.349	0.701	0.017	0.165	0.011
	设施使用率	0.178	0.112	0.646	0.360	0.080	0.377
	设施运行	0.309	0.266	0.509	0.048	0.041	0.488
环境因子（A4）	绿化覆盖率	0.172	−0.166	0.109	0.891	0.148	−0.036
	卫生环境	0.129	0.069	0.146	0.877	0.081	−0.052
	休憩设施数量	0.130	0.342	0.196	0.502	0.057	0.377
文化因子（A5）	文化小品	0.026	0.014	0.009	0.153	0.779	0.173
	文化氛围	0.393	0.027	0.039	0.091	0.732	0.056
活动因子（A6）	活动内容多样性	−0.169	0.062	0.151	−0.084	0.300	0.667
	活动影响性	0.390	0.123	−0.0053	0.021	0.061	0.644
提取方法: 主成分分析法								
旋转方法: 凯撒正态化最大方差法								
a. 旋转在 9 次迭代后已收敛								

（3）权重与解读

因子权重和指标权重可采用因子分析法和熵权法[113]来分别确定，结合实证研究对因子得分和指标权重计算进行比对解读，可以发现滨水街区活力影响的显著因子以及各因子的显著指标。

①因子权重与活力评价

因子权重反映了不同因子在活力评价中的影响比重，分析计算权重得到的方差解释率进行加权后，即为权重比例（表11）。在此基础上通过加权处理（即6个因子方差解释率分别除以累计方差解释率），得到滨水街区活力评价公式：

$$F_1 = 0.312A1 + 0.209A2 + 0.137A3 + 0.136A4 + 0.109A5 + 0.097A6 \qquad (1)$$

表11: 活力计算中各因子权重

资料来源: 根据计算获取

	A1	A2	A3	A4	A5	A6
因子	吸引因子	通达因子	集聚因子	环境因子	文化因子	活动因子
权重	0.312	0.209	0.137	0.136	0.109	0.097

②指标权重与活力评价

各因子的指标综合权重可采用熵权法来进一步确认。利用SPSS在线软件SPSSAU[114]分别对6个公因子的指标层进行熵权法分析，得到各指标的权重系数（未加权）；再用各指标的权重系数（未加权）乘以对应公因子的综合总权重；最终得到各指标的综合权重（加权后）。因此，滨水街区活力评价可采用以下公式：

$$F_2 = \sum [\,各指标综合权重（加权后）\times 各指标得分\,] \qquad (2)$$

---

[113] 根据熵的特性，可以通过计算熵值来判断一个事件的随机性及无序程度，也可以用熵值来判断某个指标的离散程度，指标的离散程度越大，该指标对综合评价的影响越大。

[114] SPSSAU（Statistical Product and Service Software Automatically）为在线的自动化统计产品和服务软件。

表12: 滨水街区活力评价各因子指标综合权重

资料来源: 根据 SPSS 软件获取

公因子	指标层	综合总权重	权重系数（未加权）	信息熵值 e	信息效用值 d	综合权重（加权后）
吸引因子（A1）	B1 空间布局	0.312	7.49%	0.9945	0.0055	0.0234
	B2 空间利用合理性		15.17%	0.9889	0.0111	0.0473
	B3 建筑体量、色彩、形式		8.47%	0.9938	0.0062	0.0264
	B4 建筑整体性		7.09%	0.9948	0.0052	0.0221
	B5 建筑功能组合		7.88%	0.9942	0.0058	0.0246
	B6 设施设置的系统化		18.06%	0.9868	0.0132	0.0564
	B7 景物风格与特色		11.69%	0.9915	0.0085	0.0365
	B8 活动可参与性		24.14%	0.9824	0.0176	0.0753
通达因子（A2）	B9 树荫步行空间比例	0.209	11.12%	0.9942	0.0058	0.0232
	B10 有顶步行空间数量		19.51%	0.9898	0.0102	0.0408
	B11 指向标志		22.82%	0.9881	0.0119	0.0477
	B12 照明质量		17.10%	0.9911	0.0089	0.0357
	B13 空间归属感		11.58%	0.994	0.006	0.0242
	B14 步行系统		8.70%	0.9955	0.0045	0.0182
	B15 公共交通		9.17%	0.9952	0.0048	0.0192
集聚因子（A3）	B16 活动类型	0.137	24.47%	0.9957	0.0043	0.0335
	B17 人流量与活动人数		26.34%	0.9954	0.0046	0.0361
	B18 设施使用率		26.15%	0.9954	0.0046	0.0358
	B19 设施运行		23.04%	0.9959	0.0041	0.0316
环境因子（A4）	B20 绿化覆盖率	0.136	31.40%	0.9918	0.0082	0.0427
	B21 卫生环境		35.71%	0.9906	0.0094	0.0485
	B22 休憩设施数量		32.89%	0.9914	0.0086	0.0448
文化因子（A5）	B23 文化小品	0.109	49.73%	0.9944	0.0056	0.0542
	B24 文化氛围		50.27%	0.9944	0.0056	0.0548
活动因子（A6）	B25 活动内容多样性	0.097	36.96%	0.9921	0.0079	0.0359
	B26 活动影响性		63.04%	0.9865	0.0135	0.0611

③解读

因子的权重呈现出 A1 > A2 > A3 > A4 > A5 > A6 > A7 的梯度（表 12），说明 A1 吸引因子和 A2 通达因子对滨水街区活力的影响较大[115]。吸引因子和通达因子的权重值大，可视为滨水街区活力影响的显著因子；吸引因子和通达因子分项中指标权重较高的分项则是权重的主体部分，可进一步确认影响滨水街区活力的显著指标为：空间利用合理性、设施设置的系统化、活动可参与性、指向标志和树荫步行空间比例。

但需要指出的是，与 F_1 公式中文化因子和活动因子的低权重值相比，F_2 公式中环境因子和文化因子的指标权重较高，说明市民和游客对街区的外在环境及街区的文化氛围要求较高，这两个因子对街区活动的品质、文化传承以及可持续发展具有内在的推动意义[116]，也应予以重视。

3.2.3 比对与解读

（1）评价比对解读

调研与评价打分比对：通过最基本的调研打分进行比对，可一定程度上验证样本单元的综合活力评价的科学性。采用实地调研评价与指标计算打分综合比对的方式，覆盖调研对象的主观评价与内在诉求，深入揭示样本街区深层次活力的影响因素（表 13）。

梯度：可以根据前述的评价体系，采用因子评价计算（F_1 公式）与指标打分计算（F_2 公式），得到结果后进行比较。比对二级因子评价的调研评价和因子评价得分（图 16），可以发现，除通达因子和文化因子得分差异略大外，调研得分和计算得分所处梯度基本一致。

表 13：各样本单元活力评价

资料来源：作者绘制

评价方式	打分 / 计算方式	各样本单元得分梯度
调研得分	通过调研问卷进行打分，取各指标的平均分再求和，得到该街区活力综合评价得分，可分别计算各公因子得分情况与各因子得分情况	①>③>⑥>⑨>②>④>⑤>⑦>⑧

[115]　说明可采取针对性的措施达到激发滨水街区活力的目的，如通过增加、优化滨水活动兴趣点，提供通达的出行条件等措施。

[116]　在活动因子中，活动影响性的权重较大，说明能够影响人的行为活动的外在因素对滨水街区的活力评价比较重要。根据现场调研修正计算结果，许多市民因为街区的文化活动不够丰富，对其他因子的打分偏低，这也表明文化活动对市民的使用体验有着重要的影响。

续表

评价方式		打分 / 计算方式	各样本单元得分梯度
计算 得分	F1	因子评价计算：公因子加权打分计算，再求和得到评价结果	①＞③＞⑨＞②＞⑥＞④ ＞⑤＞⑦＞⑧
	F2	指标打分计算：根据各因子指标分项打分后进行求和得到评价结果	

分项梯度：比对各因子分项的调研评价与指标打分计算结果，其得分差异比二级因子评价得分大，在空间利用合理性，建筑体会、色彩、形式，建筑整体性，树荫步行空间比例，步行系统等方面具有较大分异；但在各单元得分梯度上基本保持一致（图 16– 图 17）。据此可以基本印证前述评价方式具有一定的可行性与科学性，但在评价微观要素的影响程度方面又存在一定偏差。

根据上述计算比对结果，可初步确认样本街区①③在综合活力比对中属"活力街区"，样本街区⑦⑧排名靠后属"活力缺失街区"。

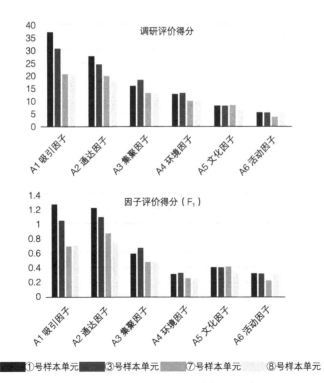

图 16：典型样本的调研评价得分与因子评价（F₁ 计算）得分比对

资料来源：根据调研计算绘制

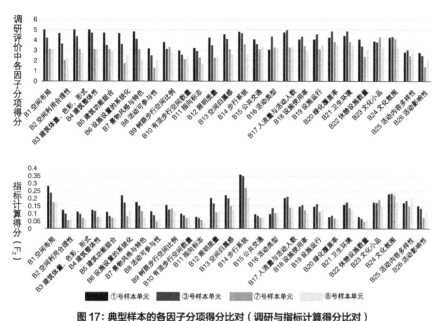

图17：典型样本的各因子分项得分比对（调研与指标计算得分比对）

（注：上图为调研评价中各因子分项得分情况，下图为用 F_2 指标计算各因子分项得分情况。）

资料来源：根据调研计算绘制

（2）叠加比对与解读

行为地图叠加比对：为了进一步验证前述评价的科学性，可依据实地调研的行为地图，对不同梯度的样本街区进行叠加比对与解读，进一步验证前述的评价体系，并对各影响要素进行解读（表14）。

梯度：实地调研并绘制行为地图，综合对比几个典型样本单元"活力街区"①③与"活力缺失街区"⑦⑧，可以发现前者的"空间—行为"互动较高，与通过 F_1 和 F_2 两种计算方式的得分梯度相符。

分项梯度：根据不同因子分项得分差异，结合调研，可以尝试分析不同样本单元因子分项得分的影响因素。其中，吸引因子和通达因子分值较高的样本单元①③，其空间组合丰富，建筑功能、类型多样；街区中滨水空间的可达性更高，街区活动发生概率也相应较大、种类较多（图18）；沿街立面整体风貌统一，功能业态的文化体现到位；活动呈现相对的集聚，重点集聚发生于文化底蕴丰厚的平江路与山塘街。而⑦⑧样本单元是以商业、住宅为主，功能相对单一；街区内的水体可达性、可视性差；系统的绿化带与休憩设施缺失；传统建筑少，历史底蕴相对薄弱；虽然活动较为多样，但规模与频次明显偏低，呈零散分布，旅游开发欠缺。

　　叠加比对可以发现，活力梯度与各因子分项的梯度与评价计算得分的结果基本一致，说明空间格局与功能形式在活力调查中具有主导作用，各样本单元的绿化体系、活动多样性相差不大，环境因子和活动因子分值相差不大。可初步判定，此类滨水街区活力的激发可围绕吸引因子和通达因子来重点展开。

表14: 代表性样本单元行为地图与评价得分情况

资料来源：根据调研计算绘制

样本	行为地图	因子得分	
①		各分项得分	公因子得分：A1>A2>A3>A5>A6>A4。
			吸引因子（A1）：B1>B6>B7>B2 ≈ B4> B8 ≈ B5 ≈ B3
			通达因子（A2）：B14>B13>B12>B9>B10> B15>B11
			集聚因子（A3）：B17>B18 ≈ B19>B16
			环境因子（A4）：B21>B22 ≈ B20
			文化因子（A5）：B24>B23
			活动因子（A6）：B25>B26
③		各分项得分	公因子得分：A2>A1>A3>A5>A6>A4。
			吸引因子（A1）：B1>B6>B7>B4>B3 ≈ B2>B8>B5
			通达因子（A2）：B14>B13>B9>B12> B10>B15>B11
			集聚因子（A3）：B17>B19>B18>B16
			环境因子（A4）：B17>B19>B18>B16
			文化因子（A5）：B21>B20>B22
			活动因子（A6）：B24>B23
⑦		各分项得分	公因子得分：A2>A1>A3>A5>A4>A6。
			吸引因子（A1）：B1>B7>B6>B4>B5> B3>B2>B8
			通达因子（A2）：B14>B13>B12>B9> B10>B15>B11
			集聚因子（A3）：B17>B19>B18>B16
			环境因子（A4）：B21>B20>B22
			文化因子（A5）：B24>B23
			活动因子（A6）：B25>B26

续表

样本	行为地图		因子得分	
⑧		各分项得分	公因子得分：A2>A1>A3>A5 ≈ A6>A4。	
			吸引因子（A1）：B1>B6>B4>B7 ≈ B8>B5>B3>B2	
			通达因子（A2）：B14>B13>B9>B12>B10>B15>B11	
			集聚因子（A3）：B17>B19>B18>B16	
			环境因子（A4）：B21>B20>B22	
			文化因子（A5）：B24>B23	
			活动因子（A6）：B25>B26	

图18：样本街区的滨水空间行为活动

资料来源：作者团队拍摄

3.2.4 针对性活力营建引导

在基于"空间形态"和"人的感知行为"构建的滨水街区活力评价体系中，各级因子与指标的权重梯度以及各级要素的互动关系，反映了滨水街区各级要素在活力体系中的内在结构关系。从计算结果可以窥见苏州古城区不同街区的活力特点与显著影响要素，可围绕显著影响因子和显著性指标精准地引导活力更新。

空间句法理论涵盖了"个人的空间认知与社会对空间的影响""空间

对个人与社会的影响"等基础理论[117]，可以量化地展示滨水街区的空间格局和人的活动之间的互动关系。在其诸多计算参数中，整合度（Integration value）及选择度（Choice value）对吸引因子和通达因子的作用特点有较强的针对性，研究选取整合度和选择度进行计算，并结合实地调研与前述分析结果进行比对解读。（样本街区空间句法计算特点如表 15 所示，各代表样本单元的肌理与计算结果图示如图 19- 图 22 所示。）

表 15: 样本街区空间句法计算特点

资料来源：作者绘制

样本特点		整合度	选择度
样本街区①	总值分布	整合度高的轴线位于街区边界，整合度低的轴线分布于高整合度轴线区域内部	高选择度轴线连接街区内部与边界，穿越交通的潜力大、出行选择度高
	形态特征与街区结构	以山塘街（山塘河）为核心形成"日"字形整合度高值区；街区空间核心较浅、呈外向布局，易于进入街区内部	选择度高值区呈倒"A"字形，与局部整合度重合；高选择度的道路沿街区边界展开，道路平行于水系
样本街区③	总值分布	街区整合度高的分轴线分布均匀，低分轴线少	高选择度的轴线呈网状均衡，遍布街区
	形态特征与街区结构	道路体系与水系平行；网状局部整合度高分区；街区内部与边缘联系紧密	高选择度轴线与局部整合度高亮区有着极高的重合度；"河街并行"区域的轴线选择度高，路网结构的空间效率较高
样本街区⑦	总值分布	整体轴线得分低；高值分布于街区西、南两侧	整体选择度偏低，高值轴线位于街区边界
	形态特征与街区结构	沿着街区外围形成"日"字形局部整合度高值区；空间核心与街区内部联系较弱，高亮区辐射范围小	"口"字形选择度高值区与局部整合度高值区重合；选择度高值区位于街区边界，内部街道选择度低
样本街区⑧	总值分布	整体轴线的整合度得分低，高值轴线在街区南北边缘	整体选择度偏低，街区吸引穿越交通的潜力低
	形态特征与街区结构	沿着街区外围形成"臼"字形局部整合度高值区；空间核心与街区内部的联系较弱，街区内部不易达	高选择度轴线为街区边界，位于南侧和北侧边界；街区内部道路选择度低，空间引力低

---

[117] 空间句法是通过对建筑、聚落和城市等人居空间结构的量化描述，来研究空间组织与人类社会之间关系的理论和方法。

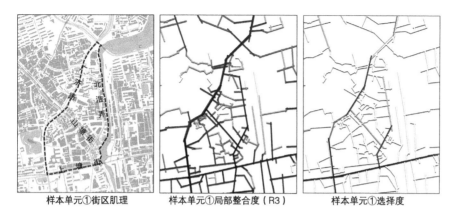

样本单元①街区肌理　　　样本单元①局部整合度（R3）　　　样本单元①选择度

图19：样本单元①现状与空间句法计算结果

资料来源：根据空间句法计算绘制，左图底图来自百度地图

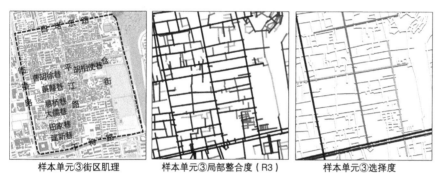

样本单元③街区肌理　　　样本单元③局部整合度（R3）　　　样本单元③选择度

图20：样本单元③现状与空间句法计算结果

资料来源：根据空间句法计算绘制，左图底图来自百度地图

样本单元⑦街区肌理　　　样本单元⑦局部整合度（R3）　　　样本单元⑦选择度

图21：样本单元⑦现状与空间句法计算结果

资料来源：根据空间句法计算绘制，左图底图来自百度地图

样本单元⑧街区肌理　　　样本单元⑧局部整合度（R3）　　　样本单元⑧选择度

图22：样本单元⑧现状与空间句法计算结果
资料来源：根据空间句法计算绘制，左图底图来自百度地图

在空间句法的轴线分析中，局部整合度展示了区域系统内某节点与附近节点的关联性，可侧面反映人在空间的集聚程度[118]。通过观察可以发现，整合度得分较低的道路（图中浅色轴线）多为深入街区的尽端式道路，周边区域多被居住区及事业单位所占据；这与评价中该区域吸引因子和通达因子得分较低相吻合。样本单元中，高选择度的轴线[119]（图中深色轴线）往往位于街区边界；"活力街区"样本单元①③中，选择度较高的街道轴线呈"河街并行"的空间格局；"活力缺失街区"样本单元⑦⑧中则缺少选择度高的内部街道，其内部通达性较低。由此可知，滨水街区的活力营建，可结合空间句法的整合度分析找到关键节点，对街区内部主要道路进行梳理，减少转折；可立足滨水街区空间结构特点提高通达性，考虑呼应"水陆并行"的传统肌理，强化滨水空间、街区内部、街区边界之间的有机联系。

需要指出的是，滨水街区活力评价体系是建立在对街区的"空间、社会、人文"的现状调研与量化分析基础上，部分因子分项的指标权重需要根据街区现状与发展方向进行动态调整，充分考虑街区发展在社会人文层面的诉求，保证街区的活力激发与城市环境品质的提升有充分的内生动力。针对调研与评价中民众广泛关注的空间品质问题，须完善基础服务设施，提高街区滨水空间的吸引力，根据居民及游客的诉求完善街区功能，保证服务型设施的覆盖程度与密度；结合公共节点的建设打造生态型节点、特

118　轴线颜色渐变展示了局部整合度强弱的变化关系，轴线颜色最深处说明该区域可达性强、对市民游客吸引力较大，可结合行为地图与前述评价结果进行叠加解读。
119　选择度展示了一个空间作为系统内任意两个空间之间的最短路径被选择经过的次数，轴线颜色深浅渐变展示了选择度高低关系。

色街区滨水空间，通过"慢行—景观"系统强化街区公共空间的立体网络。须在与城市发展方向一致的基础上，立足街区建筑形态、组织方式和院落布局等特点，优化道路组织，在传承建筑风貌及空间肌理的基础上，以人为本推进城市内部空间更新。

3.3 "空间—文化"共构：历史文化街区的活力评价与营建

我国经历了快速城镇化之后，不少城市的历史文化街区与现代化城市街区之间出现脱节的现象：街区整体系统结构断裂，历史脉络模糊；不少传统街区原住民流失、传统生活氛围消失、土客矛盾问题丛生[120]。特别是历史文化街区作为城市活态遗存的活力激发，面临一系列复杂、动态要素，须在考虑保护传统和历史记忆的同时延续社会经济功能，需要基于历史文化街区中"空间—文化"共构的特点，采用科学方法剖析历史文化街区活力的影响要素，探索由公共空间切入的街区活力营建的途径。

3.3.1 历史文化街区活力与公共空间

历史文化街区作为城市中独具历史文化底蕴的构成，在历史遗存、历史风貌、文化传承等方面对保护更新、活力营建提出了新的要求，从公共空间切入的活力激发具有诸多优势。

（1）历史文化街区

西方历史文化遗产保护理念自 18 世纪开始萌芽，历经长期的发展、深化，在大量的实践中已经形成了系统化、科学化、理论化的保护体系。从最初对建筑单体的保护，发展到对街区层面的保护与更新，如今更是涵盖了对非物质要素构成的保护及可持续利用。我国城市发展建设的轨迹与西方略有不同，但是在历史文化街区保护方面，自 1982 年起，形成了历史文化名城、历史地段、历史街区、历史文化街区等概念，历史文化街区保护在城市更新中不断发展，其理念不断深入人心。梳理历史文化街区的相关概念，不难发现城市历史文化街区的一般特征：

真实历史遗存：拥有真实的历史性遗存，并保证一定的比例，如文物古迹和历史建筑占地面积要大于 60%[121]。

---

120 不少传统街区与现代城市发展脱节，被戏谑为"穷（人）、老（人）、外（地人）聚集地"。

121 《历史文化名城保护规划规范（征求意见稿）》（2017）。

完整的历史风貌：街区的风貌完整，可反映某段历史时期的特点或某民族、地区特色，并具有一定规模的影响力，可见证整个区域的历史。

文化传承：历史文化街区是城市文化的载体，其承载的文化传统、生活方式、风俗习惯、社会结构等，赋予其特殊的文化价值。

（2）公共空间

公共空间（Public Space）的概念起源于政治学，狭义的"公共空间"指供城市居民日常生活和社会生活公共使用的室外及室内空间；广义的"公共空间"不仅仅是个地理概念，更重要的是进入空间的使用者，以及展现在空间之上的广泛参与、交流与互动[122]。"公共空间"的概念被广泛应用于社会学和政治学之中，定义了空间的公共、平等、自由等内涵与属性。"公共性"揭示了公共空间的服务对象属性[123]，并涵盖了"平等""自由"等政治内涵，体现了空间的社会价值取向。作为一个开放、中立的平台与载体，公共空间是为人提供平等空间的载体，可结合其基本功能服务支撑人的互动、交流，体现政治、经济、文化等领域的共同价值诉求。根据 2015 年联合国人居署发布的《全球公共空间手册》[124]，公共空间类型及主要内容如表 16 所示。

表 16：公共空间类型及主要内容

资料来源：作者绘制

类型	内容	特点
通行类公共空间	以适宜人行和活动的道路、广场、集市为主	使用对象和使用时间不受限制，是人群日常生活中最常使用的空间，承担城市交通的功能，兼容多类型的城市活动
公共开放空间	包括公园、小游园、滨水区、游乐场等	多与自然景观、环境结合共构，是城市生态与景观的重要组成部分
公共设施	图书馆、博物馆、社区中心、市政设施、公共体育设施等	设施使用具有一定的时间限制，以室内空间为主

---

[122] "公共空间"概念详见百度百科

[123] 诸多学者对公共空间的"公共性"提出过自己的见解。哈贝马斯认为，公共空间是人们自发聚集而形成的场所，是公共领域的载体；贾辛塔·弗朗西斯和吉尔斯·科尔蒂在此基础上指出，公共空间是人群可以自由进出、聚会和活动的场所，人群可以在这个场所中自由地交流和活动；马丹尼波尔指出，公共空间应强调"公共"与"私人"的区别。

[124] Siragusa A. Martinez-Bckstrm N. Andersson C. et al. Global Public Space Toolkit From Global Principles to Local Policies and Practice[M]. 2016.

（3）由公共空间切入的历史文化街区活力营建的优势

①研究层面：公共空间是城市活力的主要载体

城市活力源于城市空间使用主体的各种社会活动，包括交往、游憩、休息等。公共空间的公共属性，决定了其在历史文化街区中作为活力的主要载体而存在，其空间尺度、功能、性质等特征直接影响人的行为方式与发生频率等。公共空间固有的多元化、复合性、包容性等特征，使其成为城市街区中不同社会阶层、不同使用目的的人们进行交流的载体，对推进社会群体沟通理解、维护社会安定和谐具有重要的意义，是城市历史街区活力营建中不可忽视的一环。

一般而言，公共空间作为传统街区中人群的主要聚集场所，人群越密集，聚集性和吸引力越强，对公共空间的营建要求也就越高。随着社会的不断发展，人们对历史文化街区的空间品质要求随之提高，激活老旧公共空间和历史古迹，构建有品质、有温度的公共空间成为历史街区更新的重要课题。历史文化街区活力营建的过程中，应当充分考虑使用者的实际需求，以系统性为前提，以功能化、场所化为手段，构建更加便利、更加温暖的公共空间系统。

②操作层面：从公共空间切入的历史文化街区活力营建具有低冲击性的特点

历史文化街区作为城市历史生活原貌的展示平台，是现代城市中重要的人文风景，在城市建设中需要重视其保护和发展的平衡。从公共空间切入的活力营建更具实施性，避免过度的旅游开发对历史街区的文化侵蚀，避免其特色空间的社会文化被快速同质化，造成历史文化记忆的流失。从公共空间切入的历史文化街区活力营建，需关注使用主体的需求，以人为本展开微更新，充分满足各方面的需求，利用自组织效应与市场调节机制发掘街区的内生动力，促进街区的可持续发展，避免其被吞没在现代化、一体化的洪流中。

3.3.2 活力评价体系构建

根据活力的二象性，空间活力包含两个层面的构成要素——空间和人，两者共同作用形成可被感知的空间活力。其中，空间是人活动的载体，是活力的物质层面影响要素，直接决定或间接影响其承载活动的类型、规模、频次、影响力。人作为空间的使用主体，人群聚集程度、活动的类型、发生频次等均可影响活力的强弱；在城市设计视野下的活力研究范畴中，需结合公共空间特征与活力表征进行系统研究。

（1）评价体系

基于"空间"和"人"的互动,筛选活力影响因素与活力表征相互印证,并进一步根据历史文化街区"空间—文化"共构的特点,细分构建三级评价体系,探索从公共空间切入的街区活力营建途径。

①物质空间和文化要素评价与活力表征相互印证、比对

评价体系基于"空间"和"人"的互动特点来构建比对系统,不仅关注物质层面的活力影响因素,而且可以借助 ArcGIS 软件对街区热力图信息进行量化,总结街区的活力外在表征。通过两者结果的对比,进一步确认影响街区活力的深层次要素及其作用特点。

②针对活力影响要素构建三级评价,关注使用者的体验感知

针对历史文化街区有别于其他街区的空间和文化特点,从"空间—文化"构成的角度出发探索其活力影响要素,根据历史文化街区价值构成及城市公共空间活力特征,利用词频筛选,结合调研与文献法规确立二级影响因素,利用专家分析和层次分析法对复杂要素进行科学筛选,进一步确定三级影响因素的影响因子。采用传统数据与大数据相结合的方式,对各因子的复杂影响要素进行剖析并合理评价。

第一层级的影响因素分为历史文化街区的"公共空间基础特征"和"历史文化特征";第二层级的影响因素细分为通达性、舒适性、功能性,以及物质要素特征、非物质要素特征;第三层级将前述因素进一步细分,通过科学筛选确定 12 个三级影响因子（图 23）,评价构架及数据来源等见表 17。

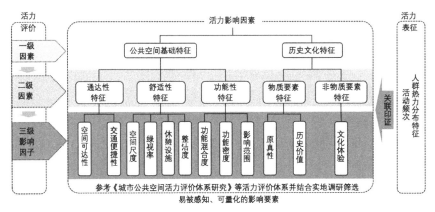

图 23: 历史文化街区活力评价体系示意

资料来源: 作者团队绘制

表17：历史文化街区活力评价构架

资料来源：作者团队绘制

影响因素		三级影响因子	数据来源	计算 / 评价（5分制）
一级	二级			
公共空间基础特征	通达性	空间可达性	空间句法	空间句法分析
		交通便捷度	高德地图POI数据	GIS核密度分析
	舒适性	空间尺度	规划资料实地调研	D/H比值
		绿视率	实地调研语义分割	利用影像语义分割软件进行计算评价
		整洁度	实地调研	参考城市公共空间的环境评价标准进行评价
		休憩设施	实地调研	根据休憩设施长度总和进行测度评价
	功能性	功能混合度	高德地图POI数据	统计POI类型和设施，综合分析种类、个数等计算打分
		影响范围	高德地图POI数据	根据影响范围打分（梯度为：全国、区域、城镇、所在地区、社区）
		功能密度	实地调研高德地图POI数据	POI数据密度
历史文化特征	物质要素	历史价值	网络资料规划资料	参考保护级别打分（梯度为：省级或更高、市级文保、市级控保/文物登录点、传统建筑/历史建筑、一般建筑）
		原真性	规划资料实地调研	根据原真性评价打分（参见4.2）
	非物质要素	文化体验	网络资料实地调研	根据开源数据及实地调研打分（梯度为：高、较高、一般、较低、低）

（2）影响因素与影响因子

①通达性特征

　　空间的通达性是街区活动发生的必要条件，一定程度上决定了街区的空间使用效率。城市系统中，目的地与交通是相互联系、密不可分的；目的地的吸引力催生了交通，交通使得人们到达目的地变成可能。因此，城市街区中的空间活力受到街区的可达性与易达性的影响[125];历史文化街区的通达要素受城市结构与宏观交通环境的影响,还与社会环境、社会活动紧密关联。

表征:通达性特征可由空间可达性和交通便捷性两个因子来表征。前者侧重于空间固有的特征,可采用空间句法轴线模型分析并计算;后者侧重于使用者的通达程度,可通过街区周边的公共交通站点及停车场的覆盖程度来衡量。

量化:利用空间句法轴线地图、POI 数据来进行评分,利用 GIS 平台将分析结果与研究对象进行空间连接。

②舒适性特征

舒适性是城市街区空间活力激发的关键因素,舒适的空间可满足使用者心理及生理的需求,能够激发、维持一定程度的公共活动。根据扬·盖尔的"交往与空间"理论,虽然不同层级、不同目的、不同性质的活动对环境的要求不尽相同[126],但与活力密切相关的自发性活动和社会性活动都特别依赖于户外空间的质量。

表征:由空间尺度、绿视率、休憩设施和整洁度四个因子进行表征。其中,空间尺度可参考街道的 D/H 值进行量化[127];绿视率[128] 可运用影像语义识别工具[129] 来分析公共空间中绿化的占比;休憩设施可根据公共空间内休憩设施的总长度信息进行量化;整洁度可参考城市公共空间的环境评价标准进行评价。

---

[125] 城市的公共空间是由人们长期以来在某一场所进行相互活动而形成的,包括街道、市场、码头等,由此也反映了公共空间的可达性与易达性的重要性。因此,在创造新的城市公共空间时,必须考虑公共空间与其他区域的交通联系(包括车行交通和步行交通),这是公共空间活力的重要保证。

[126] 适度强度的接触是交往产生的起点,没有一定频度和强度的户外活动的情况下,最低限度的接触就难以产生,交往也就无从谈起。与环境质量良好的公共空间相比,质量较差的公共空间影响了人们主观能动性的发挥,限制了使用者适度强度接触的发生,从而制约了空间活力的体现。

[127] D 为空间断面宽度,H 为空间围合界面高度。

[128] 绿视率指人们眼睛所看到的物体中绿色植物所占的比例,它强调立体的视觉效果,代表城市绿化的更高水准;并且它随着时间和空间的变化而不断变化,是一个动态的衡量因素,侧重于绿化的立体构成。

[129] 影像语义分割(Semantic Segmentation)也是 AI 领域一个重要的分支。通过对图像的像素点进行分类,确定每个点的类别(如属于背景、人或车等),从而进行区域划分。可用于街景图像识别,计算绿视率、天空比、建筑占比等。

量化：利用相关规划文件、实地调研和影像语义分割工具对舒适性进行评分，并将 GIS 平台的分析结果与研究分析单元对比进行打分。

③功能性特征

功能性是公共空间对使用者需求的满足程度，一定程度上可以反映城市活动的多样性和丰富性程度，是空间高活力的保证。足量的使用人群和活动密度，常常被视为空间活力的先决条件，公共空间活力营建的要点之一就是不同人的活动在空间与时间上的集中。当公共空间具有了不同类型的功能和多样性的活动，可提高自发性活动和社会性活动发生的可能性，从而使公共空间富有生机。

表征：通过功能混合度、功能密度、影响范围三个因子进行评价。功能混合度指公共空间功能的多元程度，可采用开源数据与调研，结合采集街区功能 POI 信息，载入 GIS 平台进行梳理、计数；功能密度指公共空间本身功能及周边功能的密集程度，通过 POI 数量与公共空间面积的比值来计算；影响范围侧重于功能的辐射范围，可通过功能的服务半径来评价。

量化：利用 POI 数据、实地调研来对功能性进行评分，并利用 GIS 平台将分析结果对比研究分析单元进行打分。

④物质要素特征

指街区内的物质要素的历史文化特征，由历史价值和原真性两个因子构成。历史文化街区的历史性、原真性的"空间特性"赋予了其浓烈的历史文化氛围，展示了其物质性与非物质性的多层内在价值，集中体现了城市文化的多样性，对延续城市文脉具有重要意义，是活力营建过程中不能忽视的构成。

表征：历史文化街区中物质要素的历史价值评价可参考建筑的保护等级；原真性可从整体结构是否改变，相关建筑、设施、布局、环境等是否与街区整体风貌和谐等方面进行评价。

量化：利用相关规划资料、实地调研来对物质要素特征进行评分，并将 GIS 平台的分析结果与对比研究分析单元进行打分。

⑤非物质要素特征

是依托于建筑、设施、场所的功能以及相关工具、手工艺品、知识技能等，是历史文化街区场所感、认同感的保证。历史文化街区的空间特性与其历史文化特征同构共生，赋予了街区历史感与地域性，反映了地区的市井文化，折射了街区的社会关系。物质性的环境空间和关系性的社会空间共同作用，造就了历史文化街区特有的历史文化空间氛围，使得街区营建具有文脉传承的意义。

表征：非物质要素一般具有丰富、抽象的特征，且不易直接被感知，需要通过具体的形式进行体验、传承。根据阊门历史文化街区中非物质要素的特点，本节研究采用文化体验因子进行表征。

量化：根据规划图纸、地方志等对街区的非物质文化要素进行总结，结合实地调研来对物质要素特征进行评分，并将 GIS 平台的分析结果与研究单元对比进行打分。

（3）权重

各级影响因素及影响因子的权重反映了历史文化街区活力的影响因素与影响因子之间的重要关系，可通过层次分析法与专家打分法相结合进行权重计算。通过计算，历史文化街区的权重值如表 18 所示[130]。

表 18：各级影响因素及影响因子的权重

资料来源：根据计算整理绘制

评价层次	一级因素及权重值	二级因素及权重值	三级因子及权重值
历史文化街区公共空间活力影响要素	公共空间基础特征（0.688）	通达性（0.430）	空间可达性（0.671）
			公共交通便捷性（0.329）
		舒适性（0.247）	空间尺度（0.448）
			绿视率（0.169）
			休憩设施（0.228）
			整洁度（0.155）
		功能性（0.323）	功能混合度（0.466）
			功能密度（0.189）
			影响性（0.345）
	历史文化特征（0.312）	物质要素特征（0.542）	原真性（0.583）
			历史价值（0.417）
		非物质要素特征（0.458）	文化体验（1）

---

[130] 调查总计发放专家问卷 40 份，有效问卷 40 份，主要是针对城市规划、建筑学相关专业专家、相关专业设计师及研究生发放。

3.3.3 调研与量化分析

（1）样本街区概况

研究选取苏州阊门历史文化街区作为样本，总面积为 56.62hm² [131]。作为传统的江南街区，样本范围内有大量的文化遗产散布，市井气息与人文气息兼具，集中体现了苏州的传统商贸文化与民俗文化特点。街区中的土地利用具有多样性与复杂性特点，以商业、居住为主，文物古迹、绿地、广场用地穿插期中。但是，样本街区与现代城市需求之间依然存在脱节现象：交通脱节，休闲活动设施欠缺；历史文化资源零散且缺乏关联，不乏荒废弃置者。作为历史风貌敏感区域，亟须立足现状发掘街区的内生活力。

（2）研究对象及研究单元

为了考察样本街区内不同类型、不同区段的公共空间的活力分异，须根据公共空间的类型进行界定，并根据一定的标准划分为若干研究单元。

首先，根据《全球公共空间手册》对历史文化街区的公共空间进行分类，可将公共空间分为通行空间、公共开放空间、公共设施三大类，并在此基础上进一步细化若干分项，将公共空间信息标注于 GIS 平台内的地图上。根据调研，阊门历史文化街区公共空间类型与特点如表 19 所示。

表 19：阊门历史文化街区公共空间类型与特点

资料来源：根据调研绘制

历史文化街区公共空间类型		特点（调研印象）
大类	分项	
通行类空间 V1	城市主要道路 A	西中市与景德路两条主要道路，西中市贯穿于东、西，分隔 7 号街坊与 15 号街坊，景德路在街区最南侧
	城市支路 B	联系主要道路与主要巷弄
	巷弄 C	分布于街区内部，7 号街坊主要巷弄呈东西走向，内部巷弄多呈南北走向；15 号街坊内部巷弄多呈东西走向
	水埠、桥头等节点 D	位于河道、巷弄节点处
	广场 E	主要分布在重要的建筑、桥头、水埠附近

---

[131] 根据苏州市自然资源和规划局发布的《苏州阊门历史文化街区保护规划》，阊门历史文化街区范围：东起阊门西街、汤家巷，西至外城河，北起尚义桥东街—宝城桥街，南至景德路，规划总用地为 56.62hm²。位于苏州古城区西北侧，西侧毗邻姑苏古城的西大门——阊门，被西中市分为北侧 7 号街坊和南侧 15 号街坊。

续表

历史文化街区公共空间类型		特点（调研印象）
大类	分项	
公共开放空间 V2	小游园 F	主要分布在街区的西侧，临近护城河；东侧汤家巷和街区内部有零星分布
	绿地 G	
	滨水开放空间 H	沿河道主要分布在北侧的 7 号街坊内部；空间老化现象严重，存在停车侵占问题
公共设施 V3	园林 I	以五峰园、艺圃为主
	宗庙 J	泰伯庙是街区重要的宗庙礼仪场所，承载着居民与游客的公共活动
	菜场等服务设施 K	拥有 24 小时菜市场等，服务周边居民生活

其次，为了进一步展示活力程度在空间上的差异，需要进一步划分一定尺度标准的研究单元。其中，开放空间与公共设施的范围明确，可作为独立的研究单元。而通行类空间长短不一，需参考城市街区常见的尺度，将其划分为 50 ~ 100m 的活力研究单元[132]。其他类型的公共空间，每个空间视为一个活力单元。（研究对象及研究单元如图 24 所示）

（3）活力表征读取

热力图可以反映街区中人群的空间分布与集聚波动等特点，热力波动特征与人群活动的时间节点重合，并且在工作日和休息日的活动类型及时间具有一定的差异[133]，呈现出"上升—下降—上升"周期性波动的情况。从不同类型公共空间的热力值波动趋势来看，高活力及较高活力的空间多集中于城市道路上，公共开放空间次之。工作日各类型公共空间热力波动趋势较为重合，休息日城市道路、公共开放空间和其他空间的波动趋势有所

---

[132] 通行空间中，各级道路与巷弄长短不一，根据其自然长度划分评价单元会导致严重偏差，需参考街区尺度构建研究单元。因此，采取以下方式对通行类空间进行二次划分：对于长度大于100m的道路，以道路口为节点，将较长的道路划分为若干较短的活力单元，每个单元长度控制在 50 ~ 100m 之内。若两个路口相距较近，则将路口之间的道路并入较短活力单元内，若道路内没有路口或路口间距大于100m，则以建筑边界为节点，将道路划分为 50 ~ 100m 内的若干活力单元。

[133] 工作日街区活力较高的公共空间均匀分布在街区的城市道路，用餐时间则集中在餐饮业态较为密集的空间，通勤时间集中在各个城市干道和道路交叉口，夜晚活力较高的空间则分布在街区周围的广场、游园等尺度较大的片状公共空间；休息日白天的公共空间活力变化较小，活力较高空间集中在街区外围和15 号街坊与城市道路衔接的街巷。

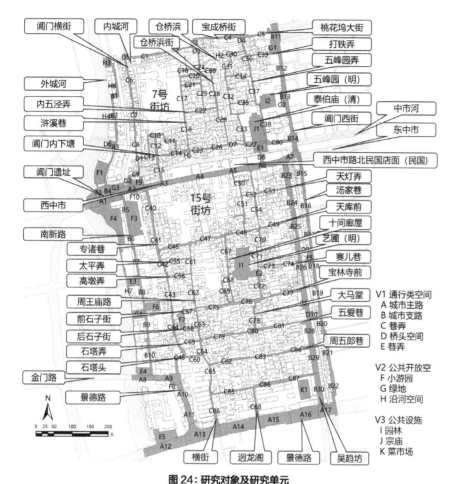

图 24：研究对象及研究单元

资料来源：根据百度地图及实地调研绘制

差异（图 25）。因此，为避免居民的必要性活动（如工作、居住、学习）对街区活力测度造成的影响，选取休息日 14：00—18：00 时间段的平均热力值来反映街区内的活力情况，与活力评价的结果进行比对。

（4）二级因素评价与调研比对（图 26）

①通达性：整体较好，局部脱节

街区通达性评价中，4 分及以上占主导；整体上，15 号街坊的评分高于 7 号街坊，南、北两个街坊内部的评分均由外部城市道路向内部街巷递减。

调研比对：评价中，得分较高的为城市干道，支路的评分存在分异。城市干道周边的交通设施丰富，整合度得分较高，如西中市（A1—A7）、景德路和金门路（A8—A17）及周边空间；支路中，南新路、吴趋坊以及

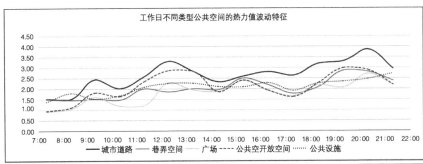

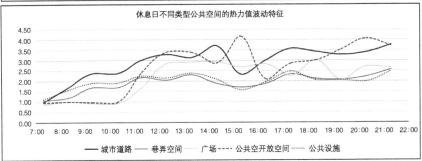

图25：阊门历史文化街区的热力值波动特征（2020年10月—2021年3月周期性采样结果）

资料来源：根据调研绘制

两个街坊的主要巷弄，整合度得分较高，其通达性评价尚可，但这些支路周边的交通设施分布较稀疏，通达性显著下降，以7号街坊内部（C24、C25、C28）和北码头北侧（B1、H3、H5）的通达性评价最低。调研中可发现，通达性得分高低的空间分布与街坊内车辆停放混乱、部分空间交通设施覆盖不全有显著的关联[134]。

②舒适性评价：整体较好，公共建筑高于巷弄

街区整体的舒适性较好，护城河沿线公共空间（B5—B10）的舒适性达4分以上；公共建筑及其周边空间的得分高于巷弄内部空间。

调研比对：街区内部公共建筑（I1、I2）、小游园（F7）和广场（E1）等空间的舒适性得分达4分以上，其尺度适宜，拥有绿化和休憩设施；而大部分巷弄的舒适性一般，评分普遍在3分左右。舒适性较差（2分左右）的多为次级巷弄（C6、C7、C32等），调研发现，这些巷弄尺度狭窄，仅

---

134 实地调研中发现，机动车与非机动车的随处停放加剧了传统交通空间的通行压力，停放占用大量的公共空间，严重损害了区域的公共空间属性；此外，评分低的空间缺少交通设施，不能满足城市公共活动的需求。

为通行使用，缺乏绿化及休闲服务设施[135]，无法激发一定规模的街区活动。

③功能性：分布不均，城市道路高于街坊内部

街区整体功能性评价尚可，但是空间分布不均匀，城市道路高于内部街巷，15号街坊整体高于7号街坊。

调研比对：样本范围内，城市道路的功能性较高，道路两侧商业店铺密集[136]。其次，街区内部街巷的功能性一般，在15号街坊内零星分布着一些麻将馆、小卖部、理发等商业点；7号街坊内部的功能性低，缺少服务于居民的商业功能。

④物质要素特征：整体认可度高，评价分项差异较大

街区整体的物质要素特征得分较高，历史特征认可度较高，但是原真性评价落差较大。

调研比对：首先，西中市整条道路周边建筑均为民国风貌，且保存状况良好（4～5分）；内部的泰伯庙、五峰园和艺圃历经几轮更新，整体状态良好（5分）。其次，巷弄中其他历史建筑（如C49、C75等）的现状较差（3分左右），有待后续更新优化。最后，景德路、南新路、北码头等城市道路周边的建筑均为现代建筑，原真性和历史价值较低，整体评分为1～2。

⑤非物质要素特征：要素丰富，但文化体验得分较低

阊门作为典型的江南街区，根据《金阊区志》等文献可以了解到，街区的非物质文化要素丰富，但在公共空间内非物质文化的文化体验评分较低。

调研比对：在样本街区内重要节点的非物质文化的文化体验得分较高，如艺圃（I1）、五峰园（I2）等，拥有多样性、互动式的体验方式之外，其他大多数具有历史价值和文化价值的建筑、构筑物的展示方式单一，难以支撑一定规模、频次、深度的文化体验。

（5）活力影响因素与外在表征比对（图27-图28）

①基于影响因素的活力评分

总体活力梯度：街区内活力评分高的区域较少（3.4分以上的公共空间为9个，占总数的5.1%），绝大多数空间评分一般或者较差（2.6～3.4分

---

[135] 这些巷弄在评价中与舒适性相关的绿视率、休憩设施的评分较低。

[136] 位于15号街坊与7号街坊中间的西中市功能性得分较高，其两侧以传统餐饮、超市为主，且一些大型酒店；吴趋坊、汤家巷内的功能主要是服务于街区居民，商业多与饮食相关；景德路和金门路的商业则以服饰箱包、服务业为主。

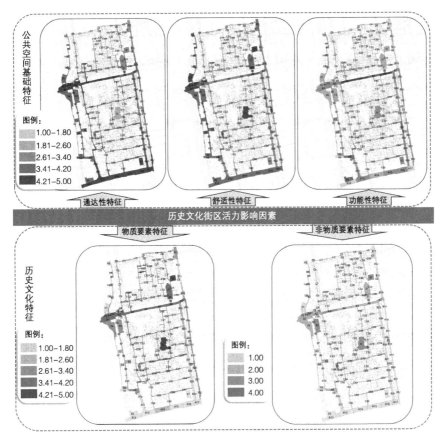

图 26：二级因素评价得分情况
资料来源：根据计算整理绘制

的空间总数为 69 个，占总数的 40.0%)。

各梯度空间分布：3.4 分以上的空间全部分布在西中市及阊门城头附近的空间，评分为 2.6 ~ 3.4 的空间，集中分布在 15 号街坊四周的空间以及其内部主要的巷弄[137]。

②以热力图为基础的活力外在表征

整体活力梯度：评分在 1.5 分以下的空间有 59 个，占比为 33.3%，1.5 分及以上的空间有 118 个，占比为 66.7%，街区较高活力的空间较多，少部分空间的活力较低。

---

[137] 7 号街坊南侧的巷弄和泰伯庙、五峰园的评分也较高，7 号和 15 号街坊内部空间的评分则多在 2.6 分以下。

各梯度空间分布：街区外围整体评分高于内部，活力最高的空间集中在西中市中部，景德路东侧；其次为南新路、吴趋坊、汤家巷、内下塘区域；评分较低区域集中于 15 号街巷内部、7 号街坊北部（图 27-29）。总体看来，主要巷弄与城市道路的连接处活力评分较高，街区内部活力评分呈现出断崖式下跌态势。

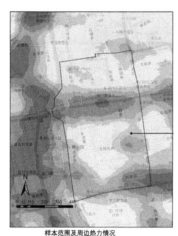

样本范围及周边热力情况   交通设施核密度

图27：样本范围及周边热力图集交通设施核密度分析

资料来源：根据计算整理绘制

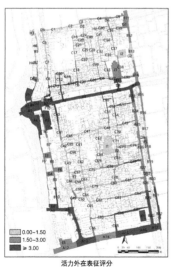
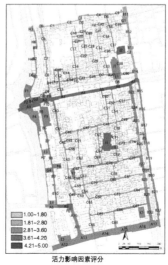

活力外在表征评分   活力影响因素评分

图28：活力外在表征与活力影响因素评分

资料来源：根据计算整理绘制

图29: 西中市（左上）与主要巷弄现状
资料来源: 作者拍摄

③综合比对解析

首先将活力影响因素与活力外在表征进行比对；然后将一级影响因素的两项构成——公共空间基础特征、历史文化特征，与活力外在表征进行比对，采用决定系数 r^2 对指标之间的相关性进行测度，分析各项指标之间的相关性。其中活力影响因素、公共空间基础特征与活力外在表征存在较明显的线性关系，公共空间基础特征和活力影响因素拟合度较高[138]（$r^2=0.4761$，$r^2=0.41$）；而历史文化特征的散点图呈现随机、无序的特点，说明街区活力主要是受公共空间基础特征的影响，街区历史文化特征的影响力较弱，难以形成较强的空间吸引力（图30）。

其次，对比活力影响因素与活力外在表征在总体梯度与空间分布上的重合情况，进一步印证了对街区活力有较大影响的因素：高活力空间类型主要为主、次道路，广场，公园等开放空间[139]，这些空间大多拥有较舒适的空间尺度，通达性、功能性及历史文化特征中某一项或多项分值较为突出；

---

[138] 拟合度检验是对已制作好的预测模型进行检验，比较它们的预测结果与实际发生情况的吻合程度。
[139] 开放空间包括小游园和公共设施所属的宗庙、游园等。

而内部街巷、桥头空间和部分绿地、沿河空间的评分较低，与之相关的舒适性评价较差，功能性、通达性的评分较低；部分空间的历史文化物质要素特征评分较高，但是缺少文化体验，难以吸引游客。

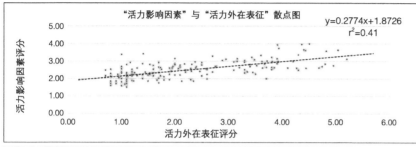

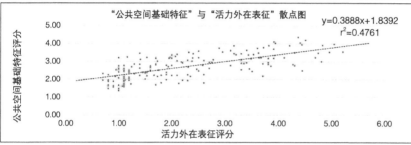

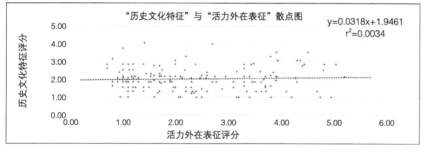

图30：活力外在表征的综合比对

资料来源：根据计算整理绘制

3.3.4 基于活力评价的"微更新"建议

活力影响因素与活力外在表征综合展示了街区活力的强度、空间分布等特点，各分项得分展示了该评分方面活力的影响因素，为街区的人居环境营造和活力提升提供了思路与方向。在综合比对中，公共空间基础特征与活力外在表征的拟合度较高，说明公共空间基础特征的提升可直接影响到街区的活力；虽然历史文化特征与活力外在表征之间的相关性并不显著，但构建塑造舒适、富有文化内涵的公共空间，对街区的可持续发展具有内在的支撑作用。因此，可结合两个方面的影响特点，结合不同等级影响要素（因子）的优化，通过"微更新"推进街区活力营建，用针对性"小而微"的改造，为街区的居民及游客带来可感知的"微幸福"，促进城市的和谐发展。

（1）公共空间基础特征优化

针对可达性：可在交通系统量化分析的基础上，通过在薄弱节点增加公共交通站点，强化不同交通空间的耦合等方式来推进。

针对舒适性：重点在于物质空间数量与质量的综合提升，须均衡服务设施，创造丰富的边界，强化"慢行—景观"系统；结合既有的古树、古井、水系，强化公共空间"有机更生"的品质提升，积极拓展"微空间"，构建具有地域特色的城市景观。

针对功能性：参考量化分析结果精准定位，从空间和时间层面考虑功能的渗透、融合，注重中小型功能的多样性。提倡中小规模、功能包容性高的业态，以渐进式的弹性改造，取代大规模、单一功能的、快速改造；根植历史文化挖掘街区的内生机制，植入适宜的现代产业。

（2）历史文化特征提升

针对街区内的手工艺，可结合历史建筑修缮保护植入创意工坊，进行动态活化的展示，建议扶持中小规模的商业及文化功能的发展；对于一些现存或消失的民俗活动，可与旅游发展相结合，开设相应的节庆游、文化节日等主题游览；对于历史人物、人文传说，可结合既有的文化建筑进行展示，或以路标、雕像、动态影像方式等传承传统文化。

3.4　小结

本章从活力的特点出发，在总结梳理相关研究的基础上提出评价测度的框架。根据江南的地域特色，选取滨水街区与历史文化街区作为典型的研究对象，基于"空间—活力"与"空间—文化"的互动共构建立街区活力评价体系；对复杂的活力影响要素进行科学分析，确定各级影响要素的权重，并结合空间句法计算、行为地图调研、热力图等进行综合比对，结合量化分析中活力影响要素的作用特点，为城市街区活力营建提供参考。将多要素评价和量化分析相结合，引导城市街区"微更新"，具有以下特点和优势。

（1）多方法比对，科学评价。城市街区的活力涉及复杂要素的动态关联，单一的分析方法难免会有局限性，需多方法比对，以提高分析的科学性[140]。此外，街区的活力影响要素涉及社会、经济、文化等多方面的内容，具有系统性和复杂性的特点，须纳入城市有机系统中进行全面、科学的评价。本章节从"空间—行为"和"空间—文化"互动的角度构建活力评价，采用图示的方法展示影响因素与活力表征的互动关系。但本节的街区活力研究尚未对社会和经济等因素进行专项、深入的研究，但此多方法比对研究的思路可以在后续研究实践中继续拓展。

（2）量化分析，精准切入。在优化策略引导方面，量化分析可以辅助判断街区活力在空间上的薄弱区域，并发现其主要的影响要素，为"小而微"的活力营建提供精准定位和明确努力的方向。可根据活力等级制定针对性的更新策略：针对"高活力"空间，可发挥其空间示范性作用，激发更大范围的活力更新，并持续提升环境质量和社区管理水平；针对"较高活力"空间，可全面提升其活力，依据分析结果锁定"短板"，找到针对性的措施予以提升；针对"较低活力"空间，需重视挖潜激发，寻找活力激发关键节点与影响因子进行精准引导，并利用城市事件等"触媒"激发潜力因子和区域，逐步改善各项评分较低的要素。

（3）立足地域，以人为本。城市建成区的更新具有复杂性、系统性、动态性等特点，循序渐进的"微更新"有助于立足地域条件与建成区特点，以人为本地推进街区活力营建。通过科学分析与量化计算进行空间挖潜，可找到街区活力"症结"的主要影响因素，从物质空间层面和社会人文层面进行综合提升。在此过程中，需要关注活力营建中使用者与空间的互动，以使用者的需求和参与为导向，对城市品质不高、长期闲置、利用不足、功能不优的微型公共空间和老旧建筑进行改造提升，推动城市存量空间的活化与利用，唤醒街区的文化记忆。可强调通过自下而上的"小而微"的营建与使用者的广泛参与，利用城市发展的内在规律与自组织效应，由点及面，形成老城自主更新的连锁效应。

---

[140] 如空间句法的轴线图绘制工作较为繁杂且带有绘制者的主观意识，同一个空间系统的模型构建，因分析者的主观意识和操作而具有差异性，降低了句法分析的科学性和精确性，需要结合其他方法以提高结论的科学性。

4

新旧共构营建

众所周知，城市作为一个复杂、动态的巨型有机系统，在不同层面存在着复杂关联，涉及微观与宏观、静态与动态、内部与外部、物质与文化等多层级复杂要素。各要素此消彼长又动态平衡，经历了长期的沉淀，形成了城市形态、结构、文化方面的特色。然而，随着城市生长代谢，建设、改造、更新等城市建设活动不断展开，城市中"新旧拼贴""功能斑驳"的现象日趋显著[141]。在城镇化日趋深入的后半程，如何引导城市新旧共构、延续城市文脉、激活陈旧斑块，成为城市更新中重要的一环。

4.1 城市的新与旧

相比于点状单体的文物建筑、工业遗产建筑等，历史文化街区、工业遗存（遗产）片区和其他遗产片区，承载的城市记忆与文化底蕴更为丰富、广阔，其保护更新、活化利用是城市新旧共构中不可忽视的重要环节，是连接城市的历史和未来的重要载体和题材。需要在全面认知、科学评价的基础之上，确定针对性保护、更新、改造的策略，在促进城市有机发展的同时延续城市文脉，传承城市记忆。

4.1.1 历史文化街区的保护与发展平衡

随着城镇化进入新的阶段，城市发展的重心转向内部更新，城市建设的重点也从"增量规划"转向"存量更新"，从以往追求空间的扩张逐步转变为对空间品质的提升。历史街区的更新成为该过程中重要的一环，对社会经济发展、激发城市活力、弘扬传统文化具有重要意义。早在 1933 年《雅典宪章》就指出，"对有历史价值的建筑和街区，均应妥为保存，不可加以破坏"。1987 年由国际古迹遗址理事会在华盛顿通过的《保护历史城

---

[141] 柯林 · 罗（Colin Rowe）在《拼贴城市》（*Collage City*）中提出了"拼贴"的概念，认为城市是复杂与多元的，城市建设应该建立在对城市肌理的尊重的基础上，设计应该是建立在与周围环境协调的基础之上。柯林 · 罗认为，"拼贴城市"是一种城市设计的方法与技巧，其切入点是现代城市与传统城市的巨大差异，即城市的新与旧的差异。

镇与城区宪章》（又称《华盛顿宪章》），提出"历史城区"（Historic Urban Areas）的概念，并将其定义为："不论大小，包括城市、镇、历史中心区和居住区，也包括其自然和人造的环境……它们不仅可以作为历史的见证，而且体现了城镇传统文化的价值。"[142] 同时还列举了历史街区中应该被保护的内容：地段和街道的格局和空间形式；建筑物和绿化、空地的空间关系；历史性建筑的内外面貌，包括体量、形式、建筑风格、材料、建筑装饰等与周围环境的关系，也包括与自然和人工环境的关系；地段的历史功能和作用（历史文化街区保护发展概况见表20）。

历史文化街区是一个城市中最能反映城市传统文化并呈现特定时期历史面貌的地段，具有重要的美学、文化、经济、环境等价值。19世纪初，瑞典建筑师贡纳尔·阿斯普朗德（Gunnar Asplund）[143] 对自上而下的城市规划提出质疑，指出"城市规划要体现历史命运，将历史的特殊性、连续性融入其中"。空间生产理论的奠基人，法国社会学家亨利·列斐伏尔（Henri Lefebvre）[144] 对城市重视建设忽视活力营建的现象进行批判，指出城市生活应当是充满诗意、愉悦的体验。美国社会哲学家刘易斯·芒福德（Lewis Mumford）在《城市文化》一书中提到："城市是文化的容器，专门用来储存并流传人类文明的成果，储存文化、流传文化和创新文化，这大约就是城市的三个基本使命。"简·雅各布斯（Jane Jacobs）指出，城市的多样性与复杂性是城市活力的保证，她倡导"城市规划要追求多样性，建筑物应当新旧融合，体现不同年代的建筑特色，提高步行渗透率，保证一定的居住密度等"。不同领域的学者们普遍认为，城市规划和城市建设要重视城市的历史、民众的生活方式和体验等，这些看不见的街区活力构成要素，在城市空间环境品质与文化内涵塑造方面有着重要的作用。

---

[142] 原文为：This charter concerns historic urban arears, Large and small, including cities, towns and historic centres or quarters, together with their natural and man-made environ-ments。

[143] 贡纳尔·阿斯普朗德，斯德哥尔摩皇家科技学院的建筑系教授（1931–1940），时任《建筑新志》（*Arkitektur*）的主编（1917–1920）。

[144] 亨利·列斐伏尔是法国新马克思主义的代表性人物之一，通过马克思的"异化"理论来解读现代资本主义，最终实现"人自由而全面的发展"，他在前人的空间思想理论基础上进一步阐述了自己对空间的理解，提出了空间生产理论，是西方学界公认的"日常生活批判理论之父"与空间生产理论的奠基人。

我国历史文化街区保护也经历了一系列的发展，其核心思想亦不断拓展完善（表 21）。我国在 1986 正式提"历史街区"的概念[145]，"作为历史文化名城，不仅要看城市的历史及其保存的文物古迹，还要看其现状格局和风貌是否保留着历史特色，并具有一定的代表城市传统风貌的街区"。2002 年 10 月修订后的《中华人民共和国文物保护法》正式将历史街区列入不可移动文物范畴，具体规定为："保存文物特别丰富并且具有重大历史价值或者革命意义的城镇、街道、村庄，并由省、自治区、直辖市人民政府核定公布为历史文化街区、村镇，并报国务院备案。"（《中华人民共和国文物保护法》第十四条）[146]

表 20：历史文化街区保护发展简表

资料来源：根据事件资料整理绘制

阶段	时间	代表性事件	核心思想
萌芽阶段	1840s—1930s	西方国家对历史建筑遗产的保护	专注于单体建筑保护；侧重于古建筑及历史遗迹；提及文物建筑周边地区的保护
	1931 年	《雅典宪章》	
发展阶段	1962 年	《马尔罗法》	出台历史街区保护的条例；将历史街区的复兴与城市经济振兴联系起来；关注历史环境空间在公共活动及意识形态领域的作用
	1964 年	《威尼斯宪章》	
	1976 年	《内毕罗建议》	
	1987 年	《华盛顿宪章》	
深化阶段	1994 年	《奈良文献》	提倡保护机制、法规逐步向街区内部人居环境、社区可持续发展转变；对不同文化价值背景下街区的"原真性"进行多样性的判读

表 21：我国历史文化街区保护的发展重要节点

资料来源：根据事件资料整理绘制

时间	相关文件	核心思想
1982	《关于保护我国历史文化名城的请示》	首次提出"历史文化名城"概念
1982	《中华人民共和国文物保护法》	将历史名城（街区、村镇）保护规划纳入城乡规划

[145] 其基础是此前由建设部于 1985 年提出（设立）的"历史性传统街区"：对文物古迹比较集中，或能较完整地体现出某一历史时期传统风貌和民族地方特色的街区……也予以保护，核定公布为地方各级"历史文化保护区"。

[146] 根据百度百科整理.

续表

时间	相关文件	核心思想
1986	第二批国家历史文化名城、《关于请公布第二批国家历史文化名城名单报告的通知》	提出"历史街区"的概念
2000	《中国文物古迹保护准则》	将"由国家公布的历史文化街区(村镇)"纳入文物古迹范围
2002	《中华人民共和国文物保护法实施条例》	提出"历史文化街区"概念;将街区纳入保护范围
2005	《历史文化名城保护规范》	构建三级保护体系:历史文化名城、历史文化街区、文物保护单位
2008	《历史文化名城名村名镇保护条例》	明确"历史文化街区"概念;强化保护与管理

历史文化街区经历漫长的积淀,形成了独特的空间形式与文化内涵,但是随着城市的现代化发展,人们对城市街区的功能与内涵有了新的要求。历史文化街区独特的空间肌理,也面临着与现代城市功能脱节的窘境,街区内部交通恶化、市政设施短缺、环境污染、居住拥挤等矛盾凸显。此外,由于历史文化街区内诸多历史建筑的产权发生了变化,不少建筑经历长时间的耗损又缺乏有效的维护和保养,街区呈现出建筑破旧、整体环境破败的现象;不少建筑内部功能老化,很难满足现代社会居民改善生活条件、提高生活质量的要求,导致一些居民迁至他处,老城"空心化"现象加剧。此外,不少历史文化街区在更新改造过程中其原住民被迁出,但回迁的比例极低,导致历史文化街区的传统非物质文化遗产消逝。

历史文化街区作为城市文脉的重要组成部分,展示了城市的历史发展轨迹,映射了社会生活和文化构成的多元性,是城市文化共时融合和历时传承最直观、最典型的场景写照。习近平总书记曾多次强调:"历史文化是城市的灵魂,要像爱惜自己的生命一样保护好城市的历史文化遗产。"

然而,在快速的城镇化进程中,诸多历史街区的保护与发展难以平衡,造成历史街区的破坏、衰落、失真;以牺牲传统文脉的延续来换取城市新秩序,往往抹杀了城市的历史记忆和场所精神,衍生出一系列肌理割裂与破碎观念。随着可持续发展理念逐渐深入人心,现代城市历史街区的更新往往摒弃大拆大建,更重视建筑和空间原型的相对稳定,关注街区历史记忆的延续,主要体现在以下几个方面的思考。

(1)保护与发展

在激发街区活力的同时控制经济开发强度,做到既能维持历史街区的社会结构、历史文脉,又能在此基础上寻求街区的转型和发展。习近平总书记指出,"要爱惜城市历史文化遗产,在保护中发展,在发展中保护",辩证地提出对历史文化街区发展和城市文脉保护与传承的平衡要求。既要尊重历史,又要兼顾实际;既要传承文化,又要改善民生;既要保持建筑特色,又要与时俱进。

（2）物质环境升级与历史面貌延续

近年来,历史街区的更新经常会采取对破损建筑进行粗糙加工的方法,给老建筑"涂脂抹粉"。这种做法忽略了对街区活力的塑造,轻视对街区居民生活逻辑、社会结构和既存的文化文脉的关注,导致街区精神的丧失。需要从城市街区整体考虑,保证历史文化遗产的完整性和系统性,保留城市记忆和乡愁的"容身之所";同时采取精准切入的改造更新方法,保障居民的切实需求,赋予街区以时代活力。

（3）社会人文环境构建与地方认同感塑造

很多历史街区的更新,改变了原有居民的生活方式,导致原有街区的社会结构、人文环境遭到破坏。需要注意到,历史文化街区的系统性和整体性不仅包含物质层面的建筑、街道和景观,还包括与之共生的价值观念、生活方式、风俗文化、审美情趣、技艺艺术等非物质内涵。正是这些内涵使历史文化街区成为传承城市记忆、强化城市文化凝聚力和认同感的重要载体与容器。

4.1.2 原真性与地方认同感

城市的历史文化街区,作为城市文化和地域文明的载体与缩影,联系着城市的过去与将来。独特的物质空间环境及与之相关的地方生活特色,成了维系城市地域特色和地方认同感的重要纽带,其作用体现在其地方归属感、地域性以及文化辨识度等方面在城市发展进程中再次受到空前重视。如何通过保存历史文化街区的地方特质来维系居民深刻而持久的地方情结,如何在历史街区更新保护中提高物质空间品质、满足人对空间场所的需求,对于推进国家历史文化名城的保护与建设具有重要的实践意义。

（1）原真性——历史文化复兴的物质需要

原真性是指最初真实的原物以及全部原初本真的历史信息。广义的原真性是指:"以自然空间界面为基底,依托于遗产地的文脉演变,使具有历史文化、科学艺术价值的遗产所具有的多元信息元素,能够真实地体现遗产原本的面貌与内在底蕴的综合符号,并能反射给旅游者主体,使旅游者得到真实性的感知。"原真性是历史文化街区评价的一个重要标准,但在历史街区的开发和历史街区旅游中，常见的是被加工的"伪真实"。在国际化及网络化的冲击之下，历史文化街区中商业业态的过度自由发展，加之旅游开发与媒体的推动[147]，以经济为主导的利益互动，使得历史街区中脆弱的业态"雪上加霜"，出现了不少"伪真实"的风貌特征，亟须科学评价并进行营建引导。

（2）地方认同感——历史文化复兴的内涵支撑

地方认同感是人文主义地理学的重要概念，指人们需要一系列相对稳定的地域场所，这种需要给物理空间带来情感上的寄托，即地方认同感。地方认同感既指地方的物理空间具有的特质，也指个体对地方的主观感受、认识，从而建立起地理知觉、地理认知或地理意象等。

地方认同感对于城市设计中文脉的连贯、场所精神和地域特征的营造等，都有着深层次的影响和意义。相关研究表明，地方的物理空间特质与功能属性及游憩者的个人特性、休闲活动参与度等，都会对地方认同感产生重要的影响。个人对地方认知与熟悉的演进过程，会赋予地方本身资源、设施、环境等从感情上的象征性意义，从而导致个人对特定地方的资源、设施、环境、功能等依赖性和认同感。

4.1.3 工业遗存与城市新旧共构

随着后工业时代的到来，诸多城市面临着产业格局的变化，不少工业遗存（包括城市工业废弃地[148]，以及与之相关的工业建筑、构筑物用地等）面临着废弃或改造再利用的选择。工业遗存在城市更新中具有多重土地优势、复合社会价值，对城市新旧共构具有重要的意义。

（1）需求迫切

随着世界范围内制造业面临着空间转移与衰落的趋势，与之相关的工业、仓储、交通类建筑也受到影响。受到交通运输方式改变的影响，不少产业类建筑原有的布局、功能、基础设施无法满足新的需求，而呈现出功能性衰败趋势。随着城市拓展，诸多产业类用地逐渐被城市肌理包围，被围合于城市中心地带的工业用地，其原有空间形态、功能与当代城市结构、

---

[147] 如各种网红经济受到大众游客的拥护，并通过口碑效应对其进行推广，对历史文化街区的业态造成很大冲击。

[148] 城市工业废弃地，指废弃不用的工业生产用地和与工业生产相关的交通、运输、仓储用地，包括废弃的矿山、矿山、采石场、工厂、铁路站场、码头、工业废料倾倒场等。

社会生活逐渐脱节，在城市肌理层面呈现出模糊、破碎、断裂的现象，与周边的城市发展产生矛盾，用地性质调整与环境品质改善需求迫切。

（2）土地优势

城市中的工业遗存一般拥有良好的区位、相当的规模、无争议的地权归属等，其保护利用为城市的新旧共构提供了契机。

良好的区位：城市中的工业遗存，往往始建于工业时代，并随城市的拓展而被现代城市肌理所包围，特别是工业化比较早的城市，其工业废弃地往往处于良好的区位。

相当的规模：早期城市的建设密度一般远低于现代城市，其工业用地往往具有一定的规模。

准备优势：在多数案例中，大规模工业遗存的地权往往属于国家或者地方政府，具备良好的土地准备优势。

（3）社会价值

城市中的工业遗存作为城市有机体的构成部分，处于城市系统的子系统中，并随着城市系统自身的不断演化而发展。建筑功能的置换、规模的改变、新型交通方式的引入、建筑形态的更新，都将对区域内部产生影响，并反过来最终作用于城市整体系统，因而具备多重社会价值。

文化价值：城市中的工业遗存作为工业时代的象征，承载着城市的记忆因而具有一定的文化价值。从真实场地、建筑物、构筑物、材质片段等方面，均可窥见相关的城市历史记忆与工业文化，反映了城市或本地区的自然、人文特点。在更新改造中，可以通过用地性质调整、功能置换（如作为公共开放空间）、景观重构等方式，使其成为承载城市社会、文化活动的场所，推动城市文化的构建。

经济价值：对工业遗存的土地利用，可实现存量土地再利用，降低城市开发成本。在此过程中，利用原有的场地、建筑、构筑物等，可节省拆建资金，缩短开发周期，具有较高的经济价值；从城市新旧共构的角度进行功能置换、改造调整，可促进城市积极空间的形成，激发城市自组织效应的产生，带动周边土地整合与价值提升，推动更大范围积极、长期、广泛的良性循环。

生态价值：城市工业遗存的土地释放，可结合土地的生态恢复和治理展开，为城市景观构建提供了契机。工业用地的释放需引入生态理念对场地进行治理恢复，可结合新旧共构将其纳入城市景观系统；同时，可结合其空间调整与功能置换，引入新型产业与循环经济，将其纳入城市可持续发展框架。

4.1.4　基于互联网数据的评价分析优势

随着信息时代的到来，互联网信息整合技术的发展为科学评估提供了新途径，对开展针对性评价分析、多数据综合对比等提供了助力。

（1）基于互联网数据的调研评价，操作具有时空优势

①空间优势：快速广阔，对前期研究具有针对性

互联网的电子地图、卫星影像图等网络地图支持放大缩小、拖拽等功能，不受地图边界限制，各比例地图间无需切换，可以轻松做到多区、跨区浏览分析。移动终端 APP 适合在现场调研时配合使用，尤其适宜于大范围调研。此外，考虑到如今跨地域的规划设计业务已成为各设计院的常态，互联网数据采集成为必须选项，可随时对实地调研进行补充完善。

②时间优势：时效性强，随时补充实地调研

相比于常规规划图纸、测绘图纸漫长的更新周期，互联网数据更新速度及时，往往以月甚至天、小时为周期进行更新。如谷歌地图、百度地图等网络地图在大、中城市能够做到数月更新周期。其他一些专业网络数据平台如点评分享类 APP、热力图、交通路况图，可以做到实时更新，网络数据更新周期是传统调研方式不能企及的，可随时补充实地调研。

③多元优势：交叉叠加，提高科学性

随着互联网数据的爆发式增长，城市规划、建筑设计、景观设计等相关的网络数据信息来源也日渐丰富，相比于传统的 CAD 测绘图及控规图纸等几种少量常规的信息来源，互联网中的地图信息可以由不同网站的电子地图、卫星影像图、三维数字城市图等交叉叠加印证，从而提高数据信息的准确性和可读性。此外，在电子地图上可以加载、标注大量信息，如 POI 信息等，为相关的城市建设提供针对性的多元参考。

（2）互联网多元数据采集源，叠加比对具科学性

相对于传统的调研数据技术获取方式，互联网平台为城市外部环境调研提供了丰富的数据来源，通过日常的互联网平台、APP 已经可以获取常规调查所需的大量的信息，并可进行交叉叠加比对，以提高分析的科学性与可靠性。

①电子地图（Electronic Map）

即数字地图，利用计算机技术，以数字方式存储和查阅的地图。显示的图像与传统地图相似，一般使用向量式图像储存，支持放大缩小、拖拽浏览，且可与卫星影像图叠加显示。目前电子地图的覆盖面最广，几乎所

有城镇都绘有电子地图可供查阅。可以实现动画显示、分层显示 [149]、动态化显示 [150]，操作中可实现快速存取、数字传输，以及在图上进行尺度、角度、面积测量；且支持要素显示编辑，如使用地图个性编辑器时，可以根据需要提取、显示各类建筑、各级道路、水系、绿地等信息，以及编辑各类型要素的显示颜色，以便捷地建立对复杂城市要素的分层分析。

②卫星影像图（Satellite Image Map）

卫星影像图是一种具有一定数学基础，由多幅卫星遥感影像按其地理坐标镶嵌拼接而成的影像图 [151]。具有真实直观、信息丰富、视野广阔的优势，可以直观地展示各级城市要素、自然要素之间的相关位置、空间分布模式等信息；地表影像在极大的空间尺度上连续显示，有助于进行大尺度宏观研究及一定精度的定位和测量。如百度地图卫星图支持 18 级缩放，分辨率最高达 1m/ 像素；Google 地图的卫星影像图支持 20 级缩放（比例尺 800：1），空间分辨率可达 0.27m，基本能分辨清楚建筑、道路、绿化等信息。国内多数平台对大中型城市的数据覆盖良好，分辨率高，更新周期常以月计，基本满足调研的需要。

③三维数字城市（Digital City）

三维数字城市是以计算机技术、多媒体技术和大规模存储技术为基础，以宽带网络为纽带，运用遥感、全球定位系统、地理信息系统、工程测量、仿真一虚拟等技术，对城市进行多分辨率、多尺度、多时空和多种类的三维描述，即利用信息技术手段把城市的过去、现状和未来的全部内容在网络上进行数字化虚拟实现的技术。国内数字城市软件如新图软件 3.0（Newmap 3.0）、智行者 V6.0（iVoyager V6.0）等，网络平台如 E 都市 [152]、城市吧 [153] 等，其三维图涵盖主要城市的绝大部分，并且加载了现实城市中的各种自然信息资源、社会信息资源，以城市的真实地理信息为基础，对主要街道、商业区、居民区、商店、景点等进行标注，并进行网络拓扑。三维数字城市是电子地图的发展方向之一，未来有可能成为主要的信息采集源。

---

[149] 可以将地图要素分层显示。
[150] 电子地图的虚拟现实技术可以使地图立体化、动态化。
[151] 来自百度百科
[152] http://www.edushi.com
[153] http://www.city8.com

④街景地图（Street View Map）

街景地图是一种实景地图服务，常采用 VR 全景拍摄技术为使用者提供高清实拍街景影像，以 360 度全景图像的方式呈现。继 Google 地图提出街景理念以来，国内的百度、腾讯、高德等地图也相继推出了街景功能。目前，国内地图的街景功能集中运用于城市的道路沿线，一些内部道路也有信息点，约每隔 15 ~ 20m 设 1 个采集点，可 360 度全向拖拽观看，感官良好，细节丰富。街景地图与前述地图类似，可同时提供地图浏览、地点搜索、地图定位、POI 点数据，以及公交驾车路线、实时路况查询功能等。

⑤地图数据功能（Cartographic Data）

互联网地图除具有传统的地图功能外还复合有大量的数据信息。互联网公司通过车采、步采、航拍、众包等方式获得了大量的城市地图数据并"钉"在电子地图上，当浏览地图时，可以根据自己的需要点击相关单元的信息。此外，互联网地图还集成有测距、路况信息、热力图、标记、路径规划等功能。

⑥搜索引擎与数据查询平台（Search Engines & Data query platform）

除了图形化的地图信息，城市信息还可以通过搜索引擎进行检索。通过查询企业相关信息，可以知晓企业的建造年代、发展历史、厂区面积、主营范围，产品目录、生产工艺等，信息不全的部分还可以结合同类型企业信息进行检索。此外，还有统计局官网、中国统计信息网这样的官方门户网站，以及专业的大数据查询平台，如数位观察等，可提供线下数据查询、分析，涉及人口、土地、城市建设、环境、交通、基础设施等多样内容。

4.2 保护更新：对历史文化街区地方认同感的量化分析

随着我国城市发展的重心转向内部更新，城市历史文化街区的更新成为该过程中重要的一环。历史文化街区如何应对物质空间形态与地域人文的双重破坏并传承历史文化与城市记忆成为当下的热点问题。地方认同感为研究人与城市街区的地域性空间关系提供了新视角，对引导街区活力复兴、地域文化传承具有积极的意义。

4.2.1 原真性丧失与地方认同感危机

历史文化街区，是指经省、自治区、直辖市人民政府核定公布的保存文物特别丰富、历史建筑集中成片、能够较完整和真实地体现传统格局和历史风貌，并具有一定规模的区域[154]。在苏州市的代表性历史文化街区中，山塘街历史街区、桃花坞历史街区、平江历史街区等，虽历经损毁、改造、修缮，依然保留了河街并行的空间肌理且文物古迹荟萃，是吴文化重要的载体。改革开放后，在保持原貌的原则指导下，这些历史街区开始进行大规模的整修：保留传统沿街商铺，开展历史街区保护性修复工程，在此过程中迁走了重点改造区域的居民，保留非核心改造区中的民居建筑，保护性改造对水乡风貌进行了恢复，对吴地文化建筑进行修复和保存，但是仍然面临着原真性与地方认同感缺失的问题，主要表现在以下几个方面。

（1）肌理破坏、尺度失控，街区的整体风貌缺失

风貌是历史文化街区的气质和性格的载体，以小见大地展示着城市的历史文化、地域传统、生活特色等内容。美国城市规划学家沙里宁曾说过："让我看看你的城市，我就能说出这个城市的居民在文化上追求什么。"

然而，随着城市的不断发展与自我更新，作为传统生活最基本的单元，历史文化街区与城市新建区域在功能、结构、形态方面逐渐断裂，呈现出肌理破碎、新旧拼贴的现象；在街区内部更新中，大量加、改建项目侵占公共空间，无视街区既有的尺度、层数，形态混杂。此外，随着交通方式、交通工具的变化，传统街巷尺度与现代交通所需的尺度互相矛盾，新旧片区间缺乏合理、有效的衔接，历史街区业已形成的肌理结构受到空前挑战。历史文化街区亟须在功能升级的同时进行肌理整合，以保证其风貌的完整性。

（2）沿街建筑功能单一，建筑修复有形无"魂"

除了整体风貌外，历史街区沿街建筑界面是街区空间形态与文化特色的基本框架，是空间体验的直接信息窗口，展示了街区的历史文化信息和社会人文特色，是城市风貌文脉的重要构成要素。

在现代城市的历史文化街区更新中，不乏以经济为主导进行功能构建的现象，个体商户经营缺乏统一的运营管理，业态组织不合理，导致同质化竞争与分散凌乱经营并存；业态陈旧、无特色商品泛滥，导致商业活力受影响，旅游吸引力下降。沿街建筑界面存在两大极端：一种是缺乏统一的规划监管，沿街建筑修缮、维护良莠不齐、各自为政，一些零散经营对建筑结构和外形进行随意改造；另一种则是无视其原真性，暴力修缮，甚至原址拆除复建、徒留其表，导致建筑修复有形无"魂"。

（3）地域环境特点丧失、基础设施欠缺

随着现代化的发展，传统的历史文化街区长久以来存在着基础设施不

---

[154] 参见住房城乡建设部《国家文物局关于公布第一批中国历史文化街区的通知》。

足、商业与街区生活争抢有限的公共空间的问题。一方面，商业区与周边居民区互相交错，缺乏有序组织，传统的市井生活与快节奏的商业形态格格不入，游客与居民容易相互打扰；另一方面，不少历史文化街区的基础设施落后，周边居民的部分生活污水直接排入河道，停车秩序混乱，环境卫生与交通状况堪忧，基础设施亟待完善。

此外，街巷功能衰退、步行系统破坏也进一步加剧了原有的地域性环境特点的消逝。江南城市中传统街区的公共生活往往沿水线、街巷展开，其街区生活的中心往往集中于河街交汇处、街巷交叉口等场所，而现代城市道路模式往往导致与河道、街巷相关的传统公共空间被侵占，步行系统遭受破坏。部分街巷的传统产业整体性衰退，被混杂的民宅、加建的厂房及零散分布的服务设施所取代，街巷功能缺乏系统性的规划，文化内涵单薄。

（4）历史文化元素受冲击，文化体验缺失

历史文化街区在城市文化传承中需要以物质与非物质要素作为媒介，两者相互补充，形成街区独特的文化体验。现实中缺乏统筹的商业开发会使街区的历史文化元素受到冲击，导致文化体验感缺失，而与之相关的文化内涵的可感知程度也会随之降低。

一方面，开发管理混乱，历史文化元素遭受冲击。诸多历史文化街区在过度的商业开发之下，逐步被改建为现代商业街、购物步行街。街区肌理、建筑风貌、历史文化底蕴、景观雕塑节点等完全成为经济开发的附庸，地方认同感丧失，街区文化底蕴无法被感知。

另一方面，商业开发雷同，市井文化缺失。改造后的街区虽然遗留了外表，传统文化面临衰退；庙堂、宗祠等古迹无人问津，历史文化景点的公众参与度不高，缺乏吸引游憩者深入体验的空间文化功能，商业业态难以体现街区文化的底蕴；市井文化缺失，整个区域内部的商业业态杂乱，不少生活性街区如苏州山塘街被改造后，其线状分布的商业形式无法呈现出苏州古城区商业的特点，辐散较窄，难以展现姑苏繁华的市井生活。

（5）地方认同感下降

认同感一般包含四个因子：文化认同、身份认同、地位认同和地域认同。历史文化街区的地方认同感对于使用者而言，更多是文化认同和地域认同。不少历史文化街区在改造大潮中千城一面、风貌混乱、功能单一，场所空间文化体验[155]缺失，难以维系地方认同感。此外，对于原住民而言，开发

---

[155] 不少历史文化街区以零售和餐饮为主要业态，历史文化展示、民俗演艺类体验性业态尚未得到足够的重视，场所的空间文化体验感缺失。

与保护之间的失衡，加剧了街区风貌的消逝，而肌理断裂、环境恶化、商业的单一、文化可感知度的下降，都对地方认同感造成了负面影响。

需要指出的是，对同一历史文化街区，旅游者与原住民的地方认同感也存在较大的差异。作为历史文化街区的使用主体与发展的见证者——本地居民，其地方认同感不仅是人对地方的依恋与认同的情感，也是历史文化街区的特色可持续性发展的重要基础，对于验证历史街区的原真性具有重要的意义。

4.2.2　量化分析引导地方认同感营建优势

（1）大数据获取分类信息，数字平台降维分析复杂要素

随着时代的发展，加之国际化与网络化的冲击，传统历史文化街区面临的主要问题在于物质空间形态与地域人文遭受双重的破坏，在街区空间重构的进程中，如何修复传统街区原型并传承城市文化与记忆成为城市的热点问题。相对于有形的街区而言，历史文化街区的地方认同感受到复杂要素的影响，存在着诸多不确定性；营造地方认同感的规划研究与设计长久以来存在主观性、模糊性、随机性的特点。

首先，需要在统计学的基础上，对影响历史文化街区历史风貌的空间要素逐级分类，结合前述保护与平衡的主要热点问题来确定研究框架；其次，结合数据进行统计分析，确定各影响因子分项，利用网络平台如大众点评、美团、去哪儿等旅游评价网站，批量获取数据，通过 Python 程序语言进行高频词分析，多角度获取游憩者在街区的行为信息，为设计调查问卷的各因子分项做参考；最后，结合调研视角发放调查问卷，并进行科学统计计算，此过程可采用效度分析、信度分析、交叉分析、因子分析、回归分析等统计方法，将定性分析与定量分析相结合，以提高本研究分析的精确性和科学性[156]。如可利用SPASS软件，通过回归分析法建立对建筑环境、商业、文化等层面的多维要素调查；利用科学程序提取历史文化街区地方认同感的影响因子，对感性体验进行量化分析，揭示其影响权重。

根据科学的量化分析，可以从新视角探究历史文化街区的物理空间环境与精神文化环境对历史街区原真性影响的拉力，探讨其形成的内在规律及作用机制；继而可以地方认同感营造为导向，有针对性地提出历史文化街区保护性更新策略，为街区的有机、有序发展提供科学依据。

---

[156]　其中，定性分析有助于逻辑分析和推理的归纳，定量分析则通过抽象化来验证假设关系和分析特征之间的差异。

（2）样本与视角

①样本界定

苏州市对历史街区的规划保护十分重视，其拥有大量的历史文化街区。根据 2020 年最新公示的《苏州历史文化名城保护专项规划（2035）》，其中关于历史文化街区和历史地段的保护概况如下："保护平江、拙政园、怡园、阊门、山塘 5 个历史文化街区，新增划定五卅路、官太尉河—天赐庄 2 个历史文化街区，整合与优化划定 26 个历史地段。"规划将以山塘街历史文化街区为主，构建苏州的"繁华市井展示带"（图 31-33）。因此，本节研究选取山塘历史文化街区为研究样本展开调研分析。

山塘街自唐代以来不仅是商品的集散之地、南北商人的聚集之处，也是丰富多彩的民俗活动场所[157]，如今的山塘街全长 3 600m，与山塘河并行，被称为"老苏州的缩影、吴文化的窗口"。然而，山塘街在发展过程中依然面临着原真性被削弱、地方感消逝的问题，甚至不乏强化历史街区商业化的进程，而在一定程度轻视了对其地方感的营建。因此，需要重视作为城市发展印记与历史文化载体的历史街区，其具有美学欣赏、文化记忆、历史印记以及物质遗存等多层次的内涵和价值。

②视角选择

视角的选择对调研分析地方感体验的结果有着巨大的影响，作为历史文化街区发展的见证人，土生土长居民的地方感既包含着其对文化街区地方性的认同和情感，也是历史街区地方感营建的重要基础，对于验证历史街区的原真性具有重要意义。地方感的营建不能忽视街区居民对街区环境的合理要求，街区更新需要综合保护街区内的传统生活习俗、生活方式及其他非物质文化遗产，在发展之中强化原真性保护和地方认同感的营建。

国内外地方认同感的相关研究，主要集中于地方情感形成的影响因素及其作用机制上，继而展开空间环境评价。针对历史街区的调查研究，多是以观光的旅游者为主，缺乏"本地人"视角下的历史街区原真性的实证研究。本地居民对该城市历史街区的表象认知及情感体验都有着独特的研究价值。当今社会各种文化交错的大环境下，历史街区的原住民对物质空间环境变化有着高度的敏感性，在以地方认同感营造为导向的保护性更新

---

[157]　山塘街始建于唐代宝历年间，时任苏州刺史的白居易，带领苏州当地民众合力开凿了一条通往大运河的人工河——山塘河，山塘河东起阊门，西至虎丘。在开凿山塘河的同时，白居易在河塘旁修筑堤岸，形成了极富苏州特色的水陆并行、河街相邻的街巷格局——山塘街。

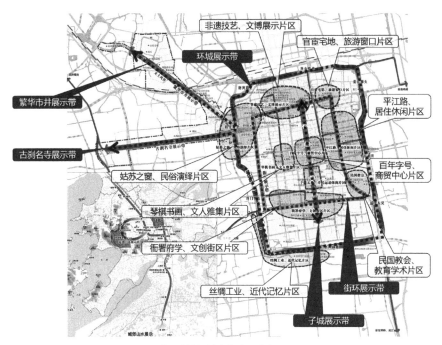

图 31：苏州古城保护中的文化遗产展示利用

资料来源：底图来自《苏州历史文化名城保护专项规划 2017—2035》，历史城区文化遗产展示利用图

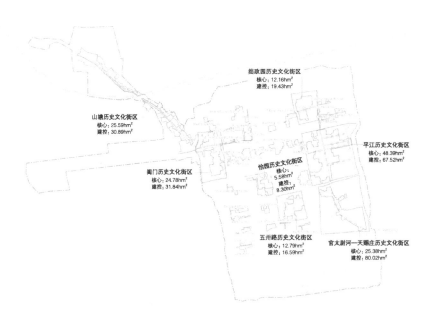

图 32：山塘历史文化街区的区位及范围

资料来源：《苏州历史文化名城保护专项规划 2017—2035》，历史城区保护规划图

图 33：山塘街和山塘河

资料来源：作者拍摄

中具有不可替代的作用。因此，本节研究选取"本地人"的视角进行考察，利用微信朋友圈和"苏州人论坛"等网络平台发布调查问卷，共发放、回收问卷 223 份，筛选有效问卷 180 份[158]。

4.2.3　调研与量化分析设计

随着现代统计学的发展，分析运算、数据挖掘、预测分析和决策支持的数据平台发展日渐强大，并广泛应用于社会科学的各个领域。因子分析法和回归分析法作为典型的量化研究方法[159]，从变量间的关系出发进行简化数据、浓缩信息，探讨其内在结构并进行因素分析；可将分散、复杂、交叉的信息集中起来提纯解析，为地方认同感的复杂影响要素的降维分析提供了思路。

（1）调研分类构架

①构架层次

针对历史文化街区原真性丧失与地方认同感危机的问题，研究初步确

---

[158]　调研时间为 2018 年秋季，问卷对象主要来自苏州姑苏区，数据由本科生团队的钱小玮等人根据调研问卷整理。

[159]　回归分析是可展示一个变量如何依赖其他变量的一种统计分析方法，其目的是要确定引起因变量变化的各个因素；多元线性回归是研究一个因变量（Y）和多个自变量（Xi）在数量上相互依存的线性关系；

因子分析是指研究从变量群中提取共性因子的统计技术，最早由英国心理学家 C.E. 斯皮尔曼提出。通过找出可以解释各指标之间差异与联系的潜在变量，从而对复杂的高维数据进行简化。

定地方认同感的影响因素。从四个方面考虑地方认同感构成的层次：建筑环境（物质空间层面）、商业（经济层面）、文化（文化层面）、地方认同感（主观评价层面）；并进一步细分为六类影响因素；作为主要考察内容：整体风貌、沿街建筑、景观环境、商业氛围、文化功能、地方认同感。

②影响因素、因子与问项

结合网络平台，利用 Python 程序语言进行高频词分析，筛选出与地方认同感密切相关的影响因素；结合旅游吸引力影响要素，参考街道文脉的保护与评估[160]等研究对地方认同感影响要素的细分，确定问卷选项并反向梳理、验证上一步骤的分类构架。

一方面，考虑城市街区的旅游吸引力影响要素（旅游涉入、目的地吸引力、旅游/休憩功能，见表22）三个层面的内容与功能，进一步补充、完善地方认同感的影响因子。

表22：结合旅游吸引力影响要素

资料来源：作者团队绘制

旅游吸引力影响要素	对地方认同感的意义
旅游涉入	休闲活动的涉入对地方感的塑造意义重大，活动的涉入程度、参与频率等因素可展示、预测游憩者对旅游地的认同程度
目的地吸引力	旅游地吸引力对于地方认同感的影响已在相关研究中被作为一个重要的影响因素而证实；针对游客主体而言，可细分为目的核心属性以及附加属性
旅游/休闲游憩功能	景区易达性、游客对地域文化的了解、旅游地带给游憩者的心理需求满足程度与情感体验度等，均是影响游憩者对旅游地产生地方认同感的重要因素

另一方面，根据不同维度的影响因子特点，以街道活力与文脉为线索，参考街道文脉的保护与评估研究等，对地方认同感影响要素进行分类（表23），补充、完善问卷选项。

表23：影响街区地方认同感的物质与非物质环境要素分类

资料来源：作者团队绘制

地方认同感影响构成	影响要素
物质环境	街区整体风貌特征（街道尺度、界面连续性、建筑协调性），沿街建筑属性（历史建筑、围墙），街道空间（街道人行空间、街道断面），街区环境要素（行道树、人行道铺装、设施带）

160　刘其东.街道文脉的保护与评估研究及其应用[D].南京：东南大学，2017。

地方认同感影响构成	影响要素
非物质环境	街区人群活动空间分布特征、街道人群活动时间分布特征、商业活力指数、街区文化功能

最终确定建筑环境、商业、文化、感性体验四个方面的影响因素，进一步细分为 6 个影响因子、32 个问项（根据调研访谈及与预研究分析剔除 3 个不显著项，共计 29 个问项，详见表 24），采用 5 分制李克特量表，对多维度、复杂的地方感体验与态度进行调查。

表 24：苏州山塘历史街区地方认同感调查设计
资料来源：根据调研计算绘制

评价层级		问卷代表性问题	平均分	方差
影响因素	影响因子			
建筑环境	整体风貌特征	1. 街道高宽比合理，步行舒适度高	4.17	0.803
		2. 沿街建筑错落有序，层次清晰	4.04	1.149
		3. 建筑风格统一，与环境和谐	4.17	0.925
		4. 店招店面设计与文化氛围相适应	3.76	1.370
		5. 复原建筑历史，街区还原度高	3.99	1.033
	沿街建筑属性	6. 地面铺装、窗台、阳台、门窗、信箱等细节古色古香，适应环境风格	4.04	0.959
		7. 建筑材料、色彩和质感符合自己对苏州传统建筑的期待程度	3.99	0.966
		8. 街边的廊道、亭台，商铺二层平台等区域提供了大量供驻足观景的场所	3.89	1.235
		9. 现代生活设施（如天线、空调外机等）被妥善安排，没有影响整体风貌	3.78	1.191
	景观环境要素	10. 水路环境具有苏州古城特色	4.42	0.736
		11. 河道干净，驳岸码头修整良好，沿河风光优美	4.02	1.072
		12. 能轻松地找到公共座椅、休憩节点	3.56	1.410
		13. 公共卫生间、垃圾桶数量及位置合适	3.72	1.120
商业	商业氛围	14. 街上店铺所经营的产品普遍具有当地特色，展现苏州传统文化	3.74	1.479
		15. 传统商品的亲民性强，能唤起本地人儿时记忆	3.94	1.137
		16. 所经营商品有非常显著的苏州传统特色	3.92	1.294

评价层级		问卷代表性问题	平均分	方差
影响因素	影响因子			
商业	商业氛围	17. 这里的商业以文化产业为主，符合"以文兴商"的方针	3.79	1.248
		18. 商业可展示苏州特产，因街上商店的建筑和室内环境显得苏州的味道更加浓厚	3.95	1.199
		19. 这里出售的特色商品性价比合适	3.44	1.354
		20. 开设星巴克、冰雪皇后、蜜雪冰城、全家等现代元素的商店不影响整体风貌	3.72	1.545
文化	文化功能	21. 七狸的传说、董小宛、陈圆圆等山塘的典故广为人知	3.72	1.626
		22. 玉涵堂、通贵桥、白居易纪念苑、苏州商会博物馆、江南船文化博物馆、古戏台等文化景点深得人心	3.79	1.542
		23. 山塘街传统活动、中秋祭月、接财神、走三桥等参与度强	3.62	1.802
		24. 山塘街的评弹、游船、手工艺展示等传统项目原汁原味地展现了苏州传统文化	4.24	0.845
地方认同感		25. 本地人对山塘街有很强的依恋感和认同感	3.92	1.145
		26. 山塘街适合作为苏州传统文化教育基地	4.12	1.098
		27. 山塘街被推荐的频次高	4.33	0.961
		28. 山塘街传承吴文化的不可替代性高	3.93	1.363
		29. 山塘街的传统文化氛围让本地人感到骄傲	4.28	0.942

③信度

调查问卷设计由 32 个要素问项和其测量量表共同构成，根据结果及相关计算剔除 3 个没有显著影响的问项后，以剩下 29 个有效指标进行相关分析（表 25），其 Cronbach's α 系数[161]为 0.809，具有较好的信度，并辅以因子分析，考察山塘历史文化街区本地居民地方感的维度结构及量表的结构效度[162]。

[161] 克朗巴哈系数（Cronbach's alpha 或 Cronbach's α）是一个统计量，是指量表所有可能的项目划分方法得到的折半信度系数的平均值，是最常用的信度测量方法。
[162] 经检验 KMO 统计量为 0.911，球形 Bartlett 检验发现变量间存在 0.01 的显著性。

表 25：历史风貌因子荷载 a

影响因子		成分				
		1	2	3	4	5
建筑环境要素	1. 建筑风格统一度，与环境和谐度	0.145	0.801	0.117	0.084	0.185
	2. 建筑错落层次	0.077	0.692	0.247	−0.045	0.274
	3. 街道高宽比，行走舒适度	0.053	0.684	0.214	−0.068	0.194
	4. 建筑历史还原度	0.365	0.670	0.215	0.133	−0.005
	5. 建筑细节处理	0.356	0.659	0.187	0.278	0.098
	6. 现代生活设施安置	0.442	0.647	0.097	0.254	−0.004
	7. 建筑材料质感	0.451	0.630	0.228	0.259	−0.014
	8. 河道、驳岸、码头整治	0.367	0.614	0.159	0.235	0.040
	9. 特色水路环境	0.242	0.569	0.401	0.164	−0.012
	10. 店招店面设计与文化氛围适应度	0.508	0.557	0.141	0.177	0.223
商业休闲购物	1. 商品的传统特征性	0.833	0.131	0.155	0.061	0.150
	2. 产业的文化比重	0.767	0.171	0.321	0.127	0.145
	3. 传统商品的亲民性	0.744	0.270	0.156	0.124	−0.093
	4. 传统商品的地方性	0.684	0.228	0.401	0.218	−0.169
	5. 商店建筑装饰的地方特征性	0.683	0.246	0.400	0.125	0.165
	6. 驻足观景的场所	0.656	0.324	0.115	0.255	0.082
	7. 公共卫生设施	0.608	0.319	0.076	0.210	0.374
	8. 特色商品性价比	0.603	0.202	0.285	0.089	0.224
	9. 休憩节点	0.579	0.304	0.022	0.304	0.370
文化功能	1. 典故	0.075	0.116	0.031	0.838	0.202
	2. 文化景点	0.148	0.119	0.324	0.789	0.198
	3. 季节性参与活动	0.256	0.000	0.219	0.775	0.239
	4. 文化展示活动	0.196	0.204	0.286	0.690	−0.098
	5. 景区可达性	0.217	0.192	0.393	0.619	−0.025
地方感	1. 推荐度	0.192	0.321	0.760	0.219	−0.040
	2. 唯一性	0.396	0.212	0.724	0.253	0.131
	3. 传统文化传播认可度	0.212	0.371	0.691	0.234	0.006
	4. 依恋感和认同感	0.239	0.285	0.640	0.334	0.243
	5. 自豪感	0.357	0.180	0.633	0.282	−0.002

注：提取方法：主成分分析法；旋转方法：凯撒正态化最大方差法；
　　a 旋转在 8 次迭代后已收敛；
　　变量序号与表格二的问卷问题序号相对应。

（2）权重属性

回归分析具有多元统计方法的优势，是一种预测性的建模技术，展示了因变量（目标）和自变量（预测器）之间的关系。除了验证变量的因果关系[163]，回归方程自变量系数能够反映自变量在因变量上的相对重要性。在历史文化街区的未来发展中，可以对权重较高的变量进行优先、重点考虑。利用线性回归方法，将问卷中各要素的分数分别求和，获得以地方认同感为因变量 Y、建筑环境要素 X_1、商业要素 X_2、文化要素 X_3 为自变量的回归方程系数，这三个要素分别在地方认同感的表现要素上有较大的载荷（表 26），回归方程为：

$$Y=2.553+0.147X_1+0.215X_2+0.311X_3$$

表 26：回归分析系数 a 计算结果表

资料来源：根据计算结果检测

模型	未标准化系数		标准化系数		显著性
	B	标准误差	Beta	t	
（常量）	2.553	1.230		2.075	0.039
建筑环境要素	0.147	0.035	0.324	4.217	0.000
商业要素	0.215	0.058	0.284	3.731	0.000
文化要素	0.311	0.064	0.281	4.861	0.000

因变量 a：地方认同感

调研计算结果展示了通过历史文化街区的空间体验与感知逐渐产生地方认同感的过程，其中文化因素自变量系数最大，反映了街区的文化属性对于提升街区地方认同感有较强的作用；商业因素在回归方程中自变量系数居中，反映了历史街区发展与保护、商业开发与传统手工业保护之间的矛盾，经济效益与社会效益之间需进行进一步引导与干预；建筑环境因素在回归方程中自变量系数相对较低，展示了山塘街整体的建筑风貌评价较高，江南水陆并行的环境格局保护良好，但是对于相关配套服务设施需跟进，街区文化的"可感知度"与街区的时间空间秩序需要加强。

---

[163]　这种技术通常用于预测分析、构建时间序列模型以及发现变量之间的因果关系。

4.2.4 感知评价解读

历史文化街区的活力营建中"建筑为形、经济为体、文化为魂"的原则，涉及物质空间、经济内容、文化内涵的多维构建[164]，这些内容与使用者之间相互作用，共同影响历史文化街区活力与地方认同感的营造。为了展示本地居民的感知与地方感体验，研究引入了人的感知因子（地方认同感），从四个方面筛选影响因子（建筑环境因子、休闲购物因子、文化功能因子、地方认同感），设计相应的表述问项并进行评价。根据上述评价，可以绘制本地居民视角的知觉图，反映本地居民对物质形态、商业功能、文化属性等方面的评价与地方认同感之间的关联认知，梳理各类要素的评价与感知之间的关系。其中建筑环境要素知觉图中各要素得分相对集中，说明其整体水平满意度高；商业要素呼应地域文化知觉图最为离散，展示了商业要素层次参差不齐的现象；地域文化知觉图总体得分较低，展示了街区文化要素在地方认同感营造中不如人意。

（1）建筑环境要素感知

①感知与评价

针对整体风貌特征方面的评价，研究从街道和建筑的高宽比、建筑之间的层关系、建筑与环境的适应程度、整体商业业态的特殊物质属性带来的气氛方面展开调查，总体情况呈现满意的态势。但具体到建筑细节，如调研店铺的店招和门面设计带来的氛围时，居民的好感度有所下降[165]。重要度评价中，居民普遍认为总体建筑风格的重要度远大于其他要素，建筑层次与步行环境以及历史还原程度都受到居民的重视，表现出居民对历史文化街区的统一完整风貌的期望。满意度与重要度反差较大的选项，反映了亟待解决的城市建筑环境问题：老建筑与新生活、街区的历史还原感与现代生活设施需求之间存在落差与矛盾，以及基础设施不完善、店招等细节设计不尽满意等（图34）。

---

[164] 街区的整合与文化遗产保护与再开发的措施涉及建筑环境、经济及社会文化三个层面的营建。
建筑与环境：整体物质环境改善和对建筑物的修复，保护建筑、公共空间与其他旅游景点的沟通连接等；
经济：结合城市发展的需求，探索历史文化街区经济活力的培育，营造特色商业氛围；
社会人文：促进社区参与，居旅协同发展，解决街区衰退带来的种种内部问题，传承城市文化。
[165] 在沿街建筑属性方面，主要是从整体感知到细节感受两个方面对古建筑的还原度进行评价，发现总体分数比整体风貌方面略有下降，但依然保持在较满意的水平。

满意度：A9 > > A1 ≈ A3 > A5 ≈ A2 > A8 > A7 ≈ A4 > > A6 > A10

重要度：A1 > > A2 > A3 > A4 > A5 > A6 > A7 > A8 > > A9 > A10

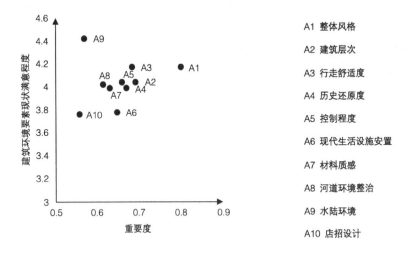

A1 整体风格

A2 建筑层次

A3 行走舒适度

A4 历史还原度

A5 控制程度

A6 现代生活设施安置

A7 材料质感

A8 河道环境整治

A9 水陆环境

A10 店招设计

图 34：建筑环境要素知觉图
资料来源：根据调研结果绘制

②营造建议

历史文化街区作为城市文明的缩影，其"实体"建筑空间与"虚体"街巷、广场、水埠等空间相辅相成（图 35），构成了建筑环境空间，承载着城市的物质文化记忆，是地方认同感产生的深层基础。水陆相依、河街并行的空间格局催生了江南滨水文化，沿岸线、街巷形成了一系列市井文化带[166]。可立足山塘历史文化街区河街并行的水陆肌理，重塑街区的时间、空间秩序，展示街区的文化内涵。

一方面，考虑"实体"建筑在街区构成中作为被感知的主体，可以建筑为触发点推进整体风貌、空间环境、人文环境共同恢复[167]。在历史街区的保护性更新中，根据现存建筑的历史价值、保存现状与保护区划等，进行

---

[166] 如苏州的平江路、山塘街、桃花坞等历史街区中大部分公共活动都发生在聚集着商业及服务设施的街道界面，自古就成为古城中最具活力的场所。

[167] 建筑是历史文化街区"图底关系"中重要的物质构成，承载着城市历史街区的集体记忆，对历史街区的风貌层次构成、空间品质塑造、文化传承、地方认同感营造等有着重要的意义。

科学评估后，分别针对性地采取修缮、修复、整治、改造、拆除[168]的分级处理措施，恢复传统的街巷空间格局，针对性地赋予与建筑结构、形式相适应的现代功能与使用强度；针对街区中保留、保护的建筑多呈离散式布局而难以形成规模效应的问题，可结合外部空间建设，利用景观、公共节点、基础设施等，重建与文保建筑之间的对话。

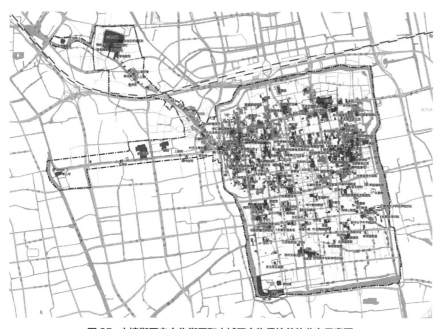

图35：山塘街历史文化街区和古城区文物保护单位分布示意图
资料来源：《苏州历史文化名城保护专项规划 2017—2035》，历史城区保护规划图

　　另一方面，强化"虚体"外部空间的品质建设。结合广场、水埠梳理公共空间、休闲服务设施节点，提高街区品质与公众参与度，通过适宜尺度、层次丰富的街巷界面，全景式地展现地域文化生活特色，塑造高认知度的

---

[168] 修缮：适用于文物建筑，外观和内部均应按照原材料、原工艺进行修缮；
修复：适用于历史建筑，外观按变动前的样式予以修复，内部设施和装修加以改善；
整治：对已经过较大改动的传统建筑，或建筑风貌不与街区整体风貌发生冲突的非传统建筑，外观按传统风貌和建筑形式进行改造；
改造：对风貌与街区整体风貌发生较大冲突，但位置尚不影响街区保护的非传统建筑，外观可按街区整体要求改变风格，内部空间可进行改造；
拆除：对核心保护区内与街区整体风貌严重冲突的非传统建筑予以拆除，以增加道路、广场、绿地面积，或根据需要新建其他建筑。

街巷界面。可加强临街、沿河的建筑风貌和尺度控制，结合风貌整治创造富有变化的街巷空间，加强旅游者对街区的认知度，促进邻里交往，激发街区活力。针对街巷、河道等线性空间的转换、过渡节点，如河街交汇处、街道交叉点、街巷交汇处、建筑围合处等节点部位进行重点设计；可通过嵌入构筑物或景观节点的方式，提高街区认知度，创造出宜人的停留空间，提高环境品质。

（2）商业要素呼应地域文化的感知

①感知与评价

商业店铺是山塘历史文化街区中活跃的功能主体，店铺外在形象与商业内涵直接影响着历史文化街区的整体风貌。调查对街区的商品种类、价格属性以及店铺的装修风格是否与文化氛围相适应等方面进行了打分，结果呈离散分布，反映了在本地居民认知中，山塘街的商业要素与历史文化要素之间存在脱节的现象。实地调研也发现，山塘一期、二期、三期保护改造的店铺在呼应街区总体风貌的基础上接纳了不少现代商业，而山塘三期、四期地块中依然保留了部分市井文化，与快节奏现代商业形态形成对比（山塘历史文化街区的区位及各期概况见图36）。但是需要注意的是，在一期、二期核心地段开发过程中，对经济效益的过分追求使得部分街区的商业门槛过高，导致大量地域性手工艺创作者流失，地方传统手工业文化的展示匮乏，降低了街区的地域文化属性（二期、三期沿街立面及商业现状见图37，其商业要素呼应地域文化感知程度见图38）。

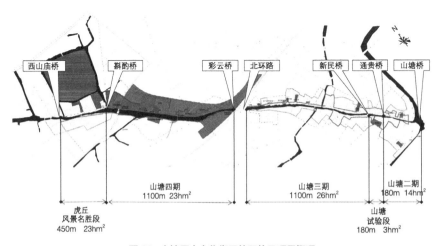

图36：山塘历史文化街区的区位及项目概况

资料来源：作者绘制

图37：山塘历史街区的河街意象与商业

注：上图为七里山塘景区（山塘街二期）；下图为山塘老街（山塘街三期）

资料来源：作者拍摄

满意度：B5 ≈ B3 > B4 > B6 > > B2 > B1 > B7 > > B9 > > B8

重要度：B1 > > B2 > B3 > B4 ≈ B5 > B6 > > B7 > B8 > B9

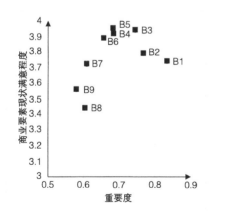

B1 商品的传统特征性

B2 产业的文化比重

B3 商品的亲民性

B4 商品的地方性

B5 商店装饰的地方特征性

B6 驻足观景场所

B7 公共卫生设施

B8 特色商品性价比

B9 休憩节点

图38：商业要素呼应地域文化知觉图

资料来源：根据调研结果绘制

②营造建议

历史文化街区的保护更新，已经从对历史文物的保护转向对其进行有机更新与活化利用，这使得历史建筑不仅仅是街区的展示品，还能融入现代经济社会的发展中。在此过程中，商业气氛的营建要发挥"老街""老宅""老字号"的优势，强化"老字号"商业，引进非遗文创机构，结合地域特色促进标识性街区文化的形成；同时也为居民参与传统产业发展提供了途径，丰富了街区文化内涵，提升了古城活力，如桃花坞片区的缂丝、宋锦、木刻年画等特色产业，下塘街片区的茶文化相关产业等。此外，须结合商业配置不同层级的公共节点，满足现代生活的功能需求。

（3）地域文化要素感知

①感知与评价

针对文化要素的感知评价，主要从山塘街典故、传统活动和文化景点三个方面展开。调查发现，本地居民对山塘街的文化功能表现出较大的不满，体现在自然与人文资源发掘不够、文化建筑的公众参与度低、地域文化相关的展示缺失、传统文化活动与民俗活动逐渐消逝或沦为现代商业的附庸。居民对山塘街在吴文化展示方面还有更高的期待，山塘街地域文化的发掘、宣传、引导等还有待加强（图39）。

满意度：C4 > > C5 > > C2 > C1 > C3

重要度：C1 > C2 > C3 > > C4 > C5

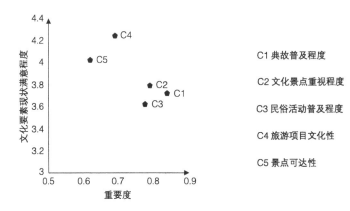

C1 典故普及程度

C2 文化景点重视程度

C3 民俗活动普及程度

C4 旅游项目文化性

C5 景点可达性

图39：地域文化知觉图

资料来源：根据调研结果绘制

②营造建议

地域文化的感知与前述的建筑环境构建、经济引导密不可分。苏州诸多历史街区至今仍保留了"民居院落—巷弄—街坊"的结构，塑造了从居民的"家庭生活—邻里交往—公共活动"循序渐进的交往层级，构成了江南地区典型的街巷式交往空间，形成了独具特色的江南街区文化。首先，可结合建筑环境的优化重塑街区肌理秩序，为邻里互动、街区活力激发创造有利条件。其次，在功能方面，促进居住、生产、商业、邻里交往、公共活动相互交织，再现市井生活的繁华，以地方认同感营建为契机，激发街区活力。最后，历史文化街区的文化传承和文化营建，应贯穿于街区营建的始终，须引入公众参与理念，对街区内既有的民俗文化活动、文创工坊制作等进行发掘，以工艺体验的体验式方式进行传承；加强对宗祠、民居、雕塑、遗址等历史性要素的活化利用，如组织玄妙观迎财神[169]、南浩街神仙庙会[170]、虎丘庙会[171]等活动；文化氛围的营建可以结合文化馆、中医馆、小剧场、禅茶馆等，以展示和浸入体验的方式让历史文化得以传承和发展。

4.3　活化利用：互联网数据评价助推工业遗存活化利用

城市内部更新往往涉及大量的工业遗存，其活化利用需要深入广泛的城市调研来保障策略制定的合理性。随着城市更新设计环境愈加复杂，当面对为数众多的对象时，传统的调查与评估方式耗时耗力。互联网数据时代，城市外部环境的相关信息发展迅速，为利用网络数据进行先期调研提供了便利，特别是针对涉及范围广、数量大的工业遗存具有独特的优势，可以在前期调研中弥补实地调研的不足。

4.3.1　城市工业遗存现状与挑战

后工业时代的到来使得世界经济产业结构发生了巨大变化，诸多城市片区的属性也随之改变。在城市发展模式转向存量更新的大背景下，在工业时代占据重要地位的工业用地面临衰变困境与活化利用的挑战。其地权的

---

[169]　农历正月初五在民间传说中是财神的生日，玄妙观会举行相关活动，在信众簇拥下，财神出巡观前街，所到之处，商家在门口点燃烟花爆竹相迎，途径黄天源、陆稿荐、采芝斋等老字号商铺后重回财神殿。

[170]　农历四月十四是苏州人"轧（方言读 ga）神仙"的日子，苏州人会在石路地区的南浩街、石路步行街、山塘街一带"轧（ga）闹忙"，手工艺者等会现场展示面塑、糖画等技艺。

[171]　虎丘庙会的巡游队伍从西溪环翠出发，在虎丘千人石、御碑亭、孙武练兵场等处均有民俗表演，舞龙、舞狮、锣鼓、杂技等表演队伍一路巡游。

归属、相当的规模、良好的区位，为城市更新提供了空间与契机（表27）。但是随着制造业的空间转移与部分工业的衰败，与之相关的工业、仓储、交通类建筑随之受到影响；诸多产业类建筑原有布局、功能、基础设施无法满足新时代的需求，面临功能性衰败的困境，用地性质与环境品质的调整需求迫切。具体而言，现代城市中的工业遗存呈现的典型特点。

表27：城市工业遗存的特点

资料来源：作者绘制

需求与挑战		契机与优势	
产业调整	经济格局变化，发达国家传统制造业衰落	土地权属	多数地权往往属于国家或者地方政府
	发展中国家的制造业转移		产业转移内在需求大，拆迁压力小、周期短、成本低
	产业衰败的多米诺效应		封闭空间转向城市开放
生产运输	生产、运输方式转变，原功能、布局、基础设施不能满足新的要求	功能规模	早期城市土地开发强度低，建设密度远低于现代城市
	相关产业功能性衰退		功能布局受产业工艺影响，不少产业具有相当的规模
城市生长	原有产业类用地逐渐被围合于城市中心地带，土地性质与周边城市功能的矛盾日趋显著	区位优势	在工业化比较早的城市中，工业用地往往被城市发展所包围，拥有良好的区位
	城市肌理被破碎，工业废弃地呈散布封闭状态		早期工业对水陆交通有依赖，部分工业废弃地区域拥有一定的水岸线
	生态恶化，城市环境整治需求迫切		推动建成区城市肌理的整合

①空间：散布封闭，肌理断裂

从宏观城市发展的角度看，工业时期的用地相对松散，且建设之初工业用地一般设在城市边缘，随着城市的拓展，逐渐被城市建成区包围，形成一系列散布的斑块；此外，从空间功能性质的角度看，由于工业生产和管理的相对独立，工业时代的场地大多处于封闭管理状态，仅留部分道路与城市关联。

传统工业区往往产业类型单一，以特定生产为目标，其内部建筑、场地布置以生产工艺、流程为指导，自成一体；许多使用历史较长的工业用地与周边城市建成区之间，在结构形态、功能构成、空间关系等层面存在着较大差异，因而呈现肌理断裂的现象。许多工业厂区在长期的城市发展中，逐步与城市开放空间体系脱节，成为城市中相对封闭的区域。

②功能：功能落差，品质落后

一方面，工业时期的建筑、结构、生产设备、配套服务、环境等标准与现代社会需求之间的落差越来越大。经年累月的使用，原有的产业特征与工艺特点已经与场地环境、建筑、构筑物深刻融合，使得其环境治理、空间重构、价值体现等也随之呈现一定的特殊性；尤其是被围合于城市中心地带的早期城市工业用地，其基础设施如道路、电、水等功能品质落后，与现代化的城市建设需求存在功能落差。另一方面，工业用地中的场地形态、建筑结构、生产设备等均以工业生产为主导，受制于不同产业工艺的要求，其功能和空间形态与当代城市结构与社会生活存在脱节情况。

③文化：工业遗产与无形遗产共生

城市老旧工业区除了曾经为城市创造了经济效益外，还形成了大量无形的遗产依附于有形的物质要素之上，如产业历史、城市事件、地域文化、产业文化等。在城市工业废弃地改造过程中，除了要重视物质空间层面的工业遗产保护利用外，也应关注容易被忽略的无形遗产。

4.3.2　工业遗存保护再利用的评价

以互联网数据辅助空间调研具有不受时空限制、便捷快速等诸多现实优势，但也存在一定的局限性。单一来源的数据信息往往存在片面性，如电子地图是以建筑轮廓为主、卫星影像图是以顶面投影为主的方式呈现图像信息，而建筑的品质、高度等信息无法呈现，需要其他途径获取信息进行补充。实践中除了需要与实地调研相结合进行补充外，评价体系构建也有必要采用"先分解再综合"的构架，根据不同的目标设置权重调节。

分解：采用多层级子系统分解保护再利用价值目标，分别建立各子项的分级评分标准，通过调研获取信息并对各子项打分。

综合：将各子项数据进行综合计算得到最终评分，根据保留与拆除的比例设置及格线，确定目标的最终取向。

权重：在综合计算过程中，因为各个影响因子的重要性程度不同，常采用调节权重（Wi）的方式分配影响力，突出了不同目标下保护再利用价值的侧重点。

（1）评价模型与标准

工业遗存评价模型中不少单项信息可以通过互联网获得，数据来源涉及多平台，信息内容呈现多维、多面的复杂性；为避免因互联网数据来源导致单一片面的问题，在评估体系中将目标分层分解。根据工业遗存再利用价值，分析保护与利用两个可能产生矛盾的方面，并加入生态考量要素，形成历史保护、景观美学、开发利用、生态环保四个评价因子。各因子再细分为若干二级因子构成子系统（图40），并可以根据项目的具体要求进一步细分[172]。

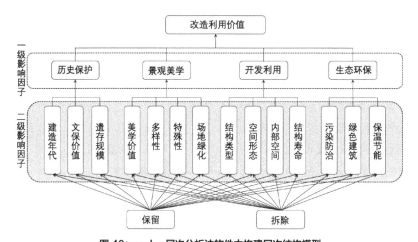

图40: yaahp 层次分析法软件中构建层次结构模型
资料来源：由"yaahp 层次分析法软件"生成后经作者改绘

针对各影响因子进行打分时，对工业遗存从正面到负面影响进行从高到低的分级评分，采用5分制和3分制相结合打分方式。对易于分辨类型的评分采用5分制，对一些需要主观感性判断的评分采用3分制。为了避免干扰项，对一些达不到保护再利用价值的子项设了"0"分项（表28）。

表28: 工业遗存保护再利用评估体系的类别与指标
资料来源：作者绘制

影响因子		评价标准		
一级	二级	指标评价	分值	权重
历史保护	建造年代	晚清（1840 ~ 1911 年）	5	$W1_1$
		民国时期（1912 ~ 1949 年）	4	
		中华人民共和国建立后至"文革"前（1950 ~ 1965 年）	3	

---

[172] 因子提取可参考 4.2 节方法，此次样本实证中采用二级构架。需要注意的是，各分项因子选择提取时，需针对性地考量数据获取方式所匹配的互联网数据，避免单一数据源导致的片面问题。

续表

影响因子		评价标准		
一级	二级	指标评价	分值	权重
历史保护	建造年代	文革至改革开放（1966～1978年）	2	$W1_1$
		改革开放至新世纪（1979～1999年）	1	
		新世纪（2000年～）	0	
	文保价值	文保单位	5	$W1_2$
		知名企业	3	
		一般企业	1	
	遗存规模	跨度≥两个街区	5	$W1_3$
		一个街区内	3	
		独栋	1	
景观美学	建筑形式的观赏性	建筑屋顶为悬挂式、锯齿形、拱形等异性结构 建筑外墙为清水砖、石料等，构造细节丰富	5	$W2_1$
		建筑屋面为带高窗的多跨式桁架、网架 建筑外墙带饰面，构造形式简单	3	
		建筑屋面为单坡、双坡、多脊双坡或平顶 建筑外墙为彩钢板、抹灰砖墙 构造形式简陋	1	
	建筑类型的多样性	建筑类型多样，形状不一，空间错落	5	$W2_2$
		介于两者之间	3	
		建筑类型单一，形状类似，行列式布局	1	
	构筑物的特殊性	含高炉、龙门吊、高塔、烟囱等构筑物	5	$W2_3$
		含管道、传送带、轨道等构筑物	3	
		不含以上构筑物，仅剩余厂房等建筑	1	
	场地绿化景观	绿化覆盖率高、建筑覆盖率较低	5	$W2_4$
		介于两者之间	3	
		绿化覆盖率低、建筑覆盖率较高	1	
开发利用	工业建筑结构类型	钢筋混凝土框架结构	5	$W3_1$
		混凝土框架、钢桁架结构	4	
		钢排架、钢桁架屋面	3	
		砖混结构、钢或钢筋混凝土屋架	2	
		砖混结构、木结构屋架	1	

续表

影响因子		评价标准		
一级	二级	指标评价	分值	权重
开发利用	工业建筑空间形态	宽度方向多跨组合、长度方向长	5	W3₂
		宽度方向单跨、长度方向短	3	
		长度方向为不可合并的小开间	1	
	工业建筑内部空间	层高≥8m（全部可做2层）	5	W3₃
		层高≥5m～<8m（局部可做夹层2层）	3	
		层高<5m（单层使用）	1	
	工业建筑结构剩余寿命	≥40年	5	W3₄
		≥30年～<40年	3	
		≥20年～<30年	1	
		<20年	0	
生态环保	工业遗存污染防治	无污染工业类型	5	W4₁
		轻度且可治理工业类型	3	
		危重污染工业类型	1	
	全寿命绿色建筑	中高层大型建筑	5	W4₂
		多层中型建筑	3	
		单层小型建筑	1	
	保温节能	工业建筑原为全空调、带保温层	5	W4₃
		工业建筑原外墙、屋面带保温层	3	
		工业建筑原外墙或屋面不带保温层	1	

（2）数据采集

各影响因子的评价可以通过"互联网数据来源＋传统数据资料"叠加来展开。如历史保护价值中的遗存规模，可通过测绘图首先获得基础的二维信息，再通过电子地图和卫星影像图交叉验证，弥补测绘图中工业用地（厂区）存在变更的情况。各子项的数据来源分为主要、辅助部分，主次结合检索执行，数据相互交叉验证确定单项估值（表29）。数据采集中少量数据缺项可通过实地踏勘来补充。

表 29：评估体系的信息采集来源

资料来源：作者绘制

影响因子		权重	互联网数据						传统数据	
一级	二级		电子地图	卫星影像	三维城市	全景街景	地图数据	搜索引擎	规划资料	测绘资料
历史保护	建造年代	$W1_1$						●	●	
	文保价值	$W1_2$						●	●	
	遗存规模	$W1_3$	●	○			○			●
景观美学	观赏性	$W2_1$	○	○		●				
	多样性	$W2_2$	○	●	○	○				
	特殊性	$W2_3$	○	●	○	○				
	景观价值	$W2_4$	○	●			○			
开发利用	结构类型	$W3_1$		○		●			●	○
	空间形态	$W3_2$		●	○					○
	内部空间	$W3_3$			○	○				○
	剩余寿命	$W3_4$						○	●	
生态环保	污染防治	$W4_1$						○	●	
	绿色建筑	$W4_2$		○						●
	保温节能	$W4_3$						○	●	

注：●主要信息采集来源、○辅助信息采集来源。

4.3.3 地域性样本调研与评价

城市中工业废弃地的活化利用调研，涉及的对象数量庞大、功能复杂，且调研工作可能受制于物质空间条件和各种外界因素（如疫情等），基于互联网数据的调研方法对此具有较强的针对性。在地域性样本验证中，取样苏州京杭大运河段，样本范围为 1180hm² 的区域 [173]，包含 93 个工业遗留建筑群。研究采用互联网数据辅助评价的方法对其保护再利用价值进行快速的预评估，并应用 AHP 层次分析法完成权重赋值，结合实地调研并比对加权前后的结果，以此验证前述评价体系及操作流程。

（1）等权评价与加权评价比对

在样本范围中，工业与仓储用地为 285.91hm²，占比为 24.22%。根据苏州市《"两河一江"环境综合整治提升工程》提出的用地功能比例，规划

---

[173] 京杭运河苏州段南连吴江，北接无锡，流经吴中、姑苏、高新、相城四个区，总长 31km，其中段长 12.11km，研究范围的总面积为 1180hm²。

的工业仓储用地降幅比例达 88.85%,样本范围内大量的工业企业需要搬离,涉及待分析考察的工业遗存单位有 93 个。

首先,根据上述评价模型进行分析计算,各影响因子在同等权重下的评价结果为最高分 3.50,最低分 1.35,平均值 2.47,标准差 3.50。

表 30: 基于 AHP 层次分析法的各项参数计算结果

资料来源: 根据计算结果绘制

总项	CR	λ max	影响因子	分项内权重	最终权重
总矩阵	0.0123	4.0327	历史保护 W_1	–	0.4112
			景观美学 W_2	–	0.3619
			开发再利用 W_3	–	0.1062
			生态环保 W_4	–	0.1206
历史保护 W_1	0.0370	3.0385	建造年代 W_{1_1}	0.2583	0.1062
			文保价值 W_{1_2}	0.6370	0.2619
			遗存规模 W_{1_3}	0.1047	0.0431
景观美学 W_2	0.3619	4.0000	美学价值 W_{2_1}	0.25	0.0905
			多样性 W_{2_2}	0.25	0.0905
			特殊性 W_{2_3}	0.25	0.0905
			场地绿化 W_{2_4}	0.25	0.0905
开发再利用 W_3	0.0226	4.0604	结构类型 W_{3_1}	0.2364	0.0251
			空间形态 W_{3_2}	0.1672	0.0178
			内部空间 W_{3_3}	0.1988	0.0211
			结构寿命 W_{3_4}	0.3976	0.0422
生态环保 W_4	0.0370	3.0385	污染防治 W_{4_1}	0.6370	0.0768
			绿色建筑 W_{4_2}	0.2583	0.0312
			保温节能 W_{4_3}	0.1047	0.0126

注: CR 为矩阵的随机一致性比率; λ max 为矩阵 A 的最大特征根。

其次,考虑样本范围内工业遗存的现状存在较大的差异,且改造利用在历史保护、景观美学、开发再利用、生态环保四个方面各有侧重,需要对各影响因子赋予不同的权重,以突显各因子相互之间的重要关系。考虑样本范围处于京杭运河沿岸,历史保护、景观美学的地位更突出,各子项权重 Wi 的赋予可采用 AHP 层次分析法(表 30)。将子项间的多维比较拆解为两两子项间的相互比较,再通过矩阵(A)的计算得到分项权重,并通过计算随机一致性比率（CR），以校验权重估值的逻辑性（CR ≤ 0.1），其结果相对客观而精确。具体可采用"yaahp 层次分析法软件"得到（表 31），进行加权修正后得到：最高分 3.06，最低分 1.31，平均值 2.25，标准差 0.34。

表 31: 等权评价与加权评价结果比对

	最高分	最低分	平均值	标准差
未加权	3.50	1.35	2.47	3.50
加权	3.06	1.31	2.25	0.34

图 例

1.3–1.5	2.5–2.7
1.5–1.7	2.7–2.9
1.7–1.9	2.9–3.1
1.9–2.1	3.1–3.3
2.1–2.3	3.3–3.5
2.3–2.5	

水网　　　路网

评价结果（等权）　　　评价结果（加权）

图 41: 京杭运河苏州段工业建筑评估（等权与加权的结果对比）

资料来源：根据计算结果绘制

（2）校验分析

为了检验评估模型的准确性，采用实地踏勘的传统调研方式进行比对。利用互联网数据辅助调研过程省时省力，分析过程客观理性，评估结果耦合度高，拥有很大的优势。

调研小组针对各子项采用个人经验打分求平均值的办法，分项权重则通过会议讨论来确定。将调研数值与实验模型的数值制成 XY 散点图进行比对，可以发现，无论加权与否，数值分布基本呈正交分布，体现了基于互联网数据的评估模型是可行的。但加权与否的影响较大：在平均权重下的评估结果中（图 41 左图），开发再利用子项占比过大，导致某些普通新厂得分过高，历史景观价值良好的老厂区得分较低，与实地感官差异较大，数值在图中散布大；加权后（图 41 右图）突出了历史保护、景观美学项，削弱了经济方面的考量，与大运河沿线的区域价值取向贴近，在与传统评估比对的散点图中（图 42），其数值分布集中，实地调研也证明了加权下的数字模型更贴近实际情况。

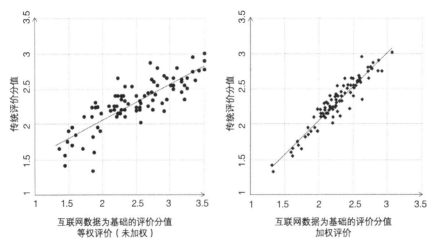

图 42：传统评估与网络评估的 XY 散点图（等权与加权评价比对）

资料来源：根据计算结果绘制

4.3.4 工业遗存利用引导

在城市工业遗存由"废"到"兴"的过程中，伴随着价值回归、生态回归、空间回归。在前述利用开发评价的基础上，可以根据其区位、形态、功能特点，选择适宜的改造模式、针对性的利用策略、有效的技术手段（图 43），处理好保留历史遗迹、空间整治、开发强度、生态重构等多个方面的平衡，促进空间回归过程中开发与环境的协调。除重视经济价值外，还应兼顾其社会文化价值，结合区位特点的利用、工业遗产的继承、景观的构建、材质片段的利用等营造个性与特征，再现城市工业记忆，展示区域自然、人文特点。

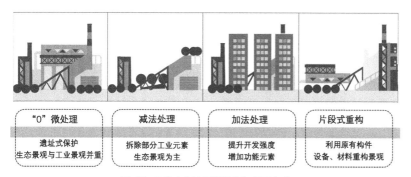

"0" 微处理	减法处理	加法处理	片段式重构
遗址式保护 生态景观与工业景观并重	拆除部分工业元素 生态景观为主	提升开发强度 增加功能元素	利用原有构件 设备、材料重构景观

图43：工业废弃地开发强度与主要方式

资料来源：作者绘制

（1）区位利用与城市"织补"

现代城市更新中被城市建成区所包围的工业用地，其改造往往会重新定义基地的城市意义。工业遗存所处的区位因素在很大程度上决定了工业遗存的社会、经济价值及改建投资利润，并反向对改造决策产生影响。需要从城市整体的发展方向发掘用地自身的区位优势，对破碎的城市肌理进行修补，通过对局部系统的调整，激发区域及周边活力，可结合公共空间的嵌入、旧建筑的改造，将部分宝贵的地面空间归还予城市。如巴黎的比特·绍蒙公园[174]，被改造为风景式园林，重归城市景观系统；中国浙江省绍兴市东湖景区，也是通过对采石场遗留地形地貌加以利用[175]，结合中国园林的传统造园手法不断修缮，从而成为重要的城市景观（图44）。此外，德国杜伊斯堡北风景公园、美国的西雅图煤气厂公园等，都是在原有旧城区工业衰败后，对原有工业遗留进行改、拆建，将原有工业区改造为城市开放空间，以少量的改造代价重新赋予区域新的活力。巴黎贝尔西地区的改造更是被纳入"左岸计划"，重新审视基地在城市中的意义，把工业时代的烈酒码头、酒窖仓库改造为塞纳河畔的开放公园，以公园为核心形成新的

---

[174] 比特·绍蒙（Buttes Chaumont）公园，原址曾为石灰石采石场和垃圾填埋场，随着城市的发展其逐步置身于巴黎19区的核心区位，改造拆除了原工业建筑，对开采活动造成的地貌进行简要扩大与修整，形成月牙形人工湖和4个山丘，成为巴黎城市重要的景观构成。

[175] 绍兴东湖位于绍兴城东箬黄山麓，汉代以来便作为采石场，此后逐渐废弃。清光绪年间，会稽县人陶溶宣购得此地，利用传统造园的手法，对其采石形成的山水景象进行梳理与整合，形成了东湖园林。此后，该园历经损毁、修缮、扩建，形成现在的东湖景区。

城市空间秩序[176]。在拆除码头建筑后修建的贝尔西公园中，新建路网呼应城市肌理，与工业时期的路网相互交叠形成立体网络，实现了城市不同"记忆片段"的整合：公园向北实现空间渗透与开放，向南通过平台联系起塞纳河及沿岸绿地，并以步行桥跨越塞纳河，建立与国家图书馆隔而不断的联系[177]，成为塞纳河两岸城市肌理"织补"的重要一环（图45）。

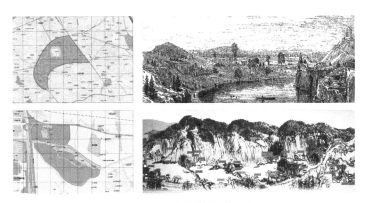

图44：对采石场地貌利用的公园

（上图为巴黎比特·绍蒙公园，下图为绍兴市东湖景区）

资料来源：作者根据资料绘制，底图来自 google earth，木刻版画（上）和导览图（下）为作者现场拍摄

图45：巴黎贝尔西公园及周边

资料来源：作者绘制，底图来自 Google earth

---

[176] 公园与南部的项目总统项目（法国国家图书馆）遥相呼应。

[177] 形成国家图书馆（Bibliothèque nationale de France）—跨河步行桥（波伏娃步行桥 Passerelle Simone-de-Beauvoir））—贝尔西公园（Parc de Bercy）—住区（Bercy-front de parc）的城市序列。

（2）生态景观与工业景观的构建

工业用地的改造涉及区域的空间重构与定位调整，除了功能升级、形态优化外，往往还需引入公共开放空间作为耦合点，引导原来相对封闭的城市空间重归城市开放空间系统，形成不同类型的城市景观。在此过程中，不同的改造目标将导致旧工业区的功能更替、形态优化的策略差异，其改造的经济回报性质及周期截然不同。因此，科学评价对于项目的合理定位、科学推进、有效引导具有重要的意义。可在前述评价的基础上，根据基地的条件与特点进行公共景观的营建，如生态景观为主型、生态景观与工业景观兼顾型、工业景观为主型，各类型特点及代表案例如表32所示。

表32：常见的工业遗存利用类型及代表案例

资料来源：作者绘制

类型	地点	名称	原功能	改造后功能	手法
生态景观型	法国巴黎	比特·绍蒙公园	采石场、垃圾填埋场	生态公园、人工湖、儿童游乐场	生态恢复，地形地貌利用，改造为开放公园；保留零星服务设施
	法国巴黎	雪铁龙公园	厂房	公园、广场温室（2座大型温室+7座小温室）	利用区位优势，纳入城市开放空间体系；增建公共服务设施
	中国南京	汤山矿坑公园	采石场	遗址公园、旅游度假区、温泉酒店、瀑布、天空走廊、营地	地貌利用；恢复水文生态，加固山坡；构建攀爬、滑梯等游憩场所
	中国杭州	良渚矿坑探险公园	采石场	遗址公园、文化中心、社区公园	地貌利用，生态恢复，构建户外儿童探险中心
	中国上海	辰山植物园矿坑花园	辰山采石场	遗址公园、户外活动中心	地貌利用，生态恢复，形成户外活动中心
生态景观+工业景观	德国杜伊斯堡	杜伊斯堡北部风景园	钢铁厂房	公园部分：展室、游乐场、攀登墙、蓄水池等；新增业态：商业、旅馆、电影剧场	原有建筑改造利用，引入新业态；拆除部分建筑、构筑物作为公园绿地，纳入城市开放空间体系
	法国巴黎	贝尔西公园	码头、酒仓库	公园部分：轮滑场、苗圃；新增业态：商业、餐饮、电影院等	部分建筑改造；工业遗存、装置的再利用；原有植被的保留

续表

类型	地点	名称	原功能	改造后功能	手法
工业景观型	中国南京	南京 1865 创意产业园	厂房	商业、文化艺术中心、餐饮、工作室	肌理梳理；保护修缮 + 改造 + 拆除，增加公共空间
	中国西安	大华 1935	纱厂厂房	博物馆、小剧场、文化艺术中心、酒店、餐饮、商业等	建筑主体利用；利用传统建筑材料；加入现代设计元素
	中国上海	韩天衡美术馆	飞联纺织厂	美术馆	建筑主体改、扩建利用；保留部分工业遗产（如165m 烟囱）构建特色公共空间
	中国上海	上海当代艺术博物馆	南市发电厂	博物馆	保留钢筋混凝土结构的前提下改、扩建利用；保留功能性器械作为展示

　　可根据前述评价中的优势因子项目，发掘其中对景观营建有利的因素。在初筛的基础上，进一步对城市工业废弃地的土地及区位条件进行理性分析[178]，综合考虑城市结构的系统性以及环境品质提高的要求，基于工业废弃地中工业遗产与无形遗产共生依存的特点，考虑工业记忆的继承与表达。

　　具体操作中，可参考图底关系特点从城市肌理修复的角度着手重构营建。采取拆除、利用、增设、保留、治理等操作构建工业景观和生态景观（表 33）。

表 33：生态景观与工业景观构建特点

资料来源：作者绘制

景观构成	改造操作		形态
工业景观	拆除	拆除原有工业建筑，梳理场地肌理	构建新型景观、慢行系统；根据场地的人工痕迹，形成人工景观（如利用工业地貌形成户外活动）；利用原有建筑结构、设备，载入新功能；除主体建筑外，服务设施分散布置
	利用	直接利用原有场地肌理、场地建筑、构筑物、设备、堆场等；根据需要进行人工处理，改造后再利用，形成工业景观	
	增设	结合增、扩建引入新业态，增设部分服务设施、公共节点	

---

[178]　如用地规模及功能受限，部分土地无法直接利用，需要进行环境治理。

景观构成	改造操作		形态
生态景观	保留	保留原有的特殊地貌，引入公共活动或进行生态恢复；保留原有场地植被	利用场地条件构建生态景观（利用地貌形成人工湖等）；保护、恢复场地植被，形成连续、系统的自然景观
	治理	污染诊断；植物修复和生物修复[179]；利用场地条件进行生态治理	

　　一方面，可通过对建筑物、构筑物、设备等的梳理、改造、加扩建获得"正形"的工业景观，在保留空间原型的基础上，理性拆除部分建筑、构筑物等，利用及改、扩建部分工业遗产，引入新功能，在强化原有空间原型的同时赋予其时代内涵；另一方面，可通过对原场地的环境治理，利用地形地貌、堆场，保护、继承场地内的古树苗木等方法，重构"负形"的生态景观，在真实地反映场地的工业历史的同时，为城市提供宝贵的休憩空间。此外，需重视生态景观与产业建筑之间的"正负"互动，发掘场地活力，探索场地历史与时代精神的耦合点（图 46）。

　　生态景观的营建，须根据污染诊断结果并结合场地生态系统的修复来展开，根据生态的受损程度选择合适的生态恢复治理手段。对于场地内生态系统受损没有超负荷的项目，可通过解除外界压力和干扰的方式进行自然恢复；针对不可逆的生态系统损害，需进行人工干预以恢复受损生态系统[180]。

---

[179]　生态修复技术分为以下两种主要类型：
植物修复技术，是利用土壤、植物、微生物组成的复合体系来共同降解污染物，对污染土壤进行修复。对有机毒物和无机废物造成的土壤环境污染有一定的针对性。
生物修复技术，利用微生物将土壤中的污染物分解并最终去除。相比于化学、物理方法，其对人和环境造成的影响小，高效、经济，具有较高的环境友好性。
[180]　前者如在德国海尔布隆市砖瓦厂公园项目中，设计一条弯弯曲曲的矮石墙，以划出自然保护地带，保证正在恢复的生态过程的延续。后者如美国西雅图煤气厂公园，采用了隔离覆盖与原位修复的治理策略，采用了生物降解和深耕的方法，增加土壤营养，利用吸收污染的生物活动对污染土壤进行修复，并进行表层换土以改良环境，重建区域内的生态系统。

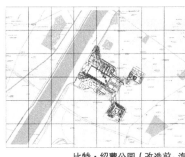 

比特·绍蒙公园（改造前：汽车制造厂；改造后：温室 + 开放公园）

拉维赖特公园（改造前：屠宰场 + 批发市场；改造后：科学城 + 开放公园）

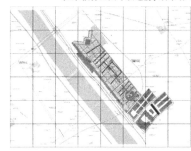 

贝尔西公园（改造前：烈酒码头 + 仓储；改造后：公园 + 贝尔西城）

图 46：由工业废弃地改造而来的巴黎三大现代公园

资料来源：作者根据资料绘制（底图来自 google earth），照片为作者现场拍摄

（3）建筑利用、肌理整合、片段再现

①产业建筑的改造利用

街区中的建筑物、构筑物，可根据其空间结构、特点引入新功能[181]：

"常规型"建筑物、构筑物，拥有接近常规民用建筑的层高，常有开敞宽广的空间，大多为框架结构的建筑，如电子设备厂等。可根据其质量评价的情况，直接引入办公、商业、商务、旅馆、餐饮等功能。

---

[181] 构筑物及场地布局往往由于产业与时代特点而差别迥异，此分类参考王建国，戎俊强. 城市产业类历史建筑及地段的改造再利用 [J]. 世界建筑，2001（6）P17–22。

"大跨型"建筑物、构筑物拥有高大、无柱的高大空间，常有开敞空间，大多支撑结构为巨型钢架、拱、排架等。可以利用其空间特点，引入对空间跨度需求较大的功能，如电影院、剧场、博物馆等。

"特异型"建筑物、构筑物拥有特殊的形态，其外在形态往往反映其特定的功能特征，如煤气贮藏仓、贮粮仓、冷却塔、船坞等。可以引入休闲娱乐、视觉体验、博物馆等，发挥其空间特色优势。

②空间肌理的整合共构

空间肌理层面，可根据新的功能需求对产业建筑空间进行重新划分，或在原有空间功能的基础上通过节点调整进行组合重构。前者可以依据新功能的需求，在满足新旧空间结构协调的基础上，对原有空间在垂直楼面或者水平围护两个维度进行空间的重新划分，使之适应新功能的使用要求；后者可以在肌理整合的基础上，对若干独立的建筑物，通过直接打通、加设连廊、空间构件引导等方式，实现建筑的有机联结，形成不同程度相互联系的连续空间。

③材质片段的原真再现

场地内的建筑物、构筑物、生产设备与装置，乃至一些饱含工业痕迹的轨道、道路等，均可以通过设计的转译，以新的面貌或原真的片段及材质保留在新的功能之中。一方面，真实的工业要素片段可以通过设计师的处理、转化赋予其新的功能，或利用其材质特点形成大地景观，甚至作为生态恢复的载体；另一方面，非物质记忆的保留需重视对其所依附载体的营建，往往可通过物质空间的片段重组再现场地历史，以路名、区域名传承工业记忆，以真实场地和植被的保留赋予其场所精神和文化内涵。

如德国杜伊斯堡北部风景园，其旧的工业遗迹与丰富的现代生活被组织在保留改造的空间之中。除保留原钢铁厂具有产业特点的核心构筑物——炼钢炉、鼓风炉和相关的混凝土构筑物等，还结合钢铁厂特定的空间形式引入商业、音乐厅、游乐场等，原钢厂中散布的构筑物被串联起来，形成立体步行休闲体系；具有钢铁工业特征的冷却槽、净化池和水渠结合场地内的环境整治，被改造为雨水净化系统并成为城市景观，实现了场地雨水收集净化，避免雨水经由污染场地排入埃姆舍河[182]。法国贝尔西地区的改造中，其西北部拆除了大量的码头、酒窖建筑、构筑物以建设城市开放公园，但对烈酒码头时期的铁轨、铺地、道路、花圃、200多棵鹅掌楸进行了保留，并结合新的功能需求增设

---

[182] 避免厂区污染物进入河流，促进区域生态恢复与环境再生，实施后仅几年埃姆舍河的水质及生态得到极大改善。

现代路网，与场地东北区完整保留的酒窖区[183]（图 47）形成对比和互动。烈酒码头时期的城市记忆也伴随着保留片段、道路、路名得以传承[184]（图 48）。

图 47：贝尔西公园的酒窖改造与植被的利用
左图为贝尔西城中酒窖与仓库改造的商业建筑及酒吧，右图为完整保留的鹅掌楸林
资料来源：作者拍摄

图 48：贝尔西公园中工业片段的利用
左上：工业时期的道路；右上：休闲设施；左下：花房苗圃的附属设施；右下：轮滑场地
资料来源：作者拍摄

---

[183] 方案结合有选择的减法对场地进行功能置换，将部分酒码头即酒库拆除，为公园提供空间。南侧的 Saint-Emilion 和 L'heureux 酒库是被列入补充名单的历史建筑。公园西侧的圣艾米利永街（Cour Saint-Emilion）两侧曾是狭长的酒窖，现在已被改建为商业服务和文化活动综合地区，原有的酒窖被保留并改造为餐厅和小商店。贝尔西公园南部保留的葡萄酒仓库，现已经被改造开发成了酒吧等休闲场所，被称为贝尔西城（Bercy Village）。

[184] 如新加龙河路（Neuve-de-la-Garonne）、圣艾米利永街（Cour Saint-Emilion）等以葡萄酒产地命名的道路。

4.4 小结

城市更新往往涉及空间肌理和功能形式等多层面的新旧共构，需要在更新与保护之间寻求平衡。针对历史文化街区更新发展过程中原真性与地方认同感丧失的问题，以及城市中大量工业遗存的改造再利用的价值问题，尝试利用互联网平台进行数据获取与科学评价分析，引导城市历史文化街区保护更新与工业遗存的活化利用。

（1）发挥互联网平台数据获取的时空优势

在街区认知评价中，利用互联网平台进行调研具有诸多便利。互联网平台可为数据获取提供便捷的条件，可以快速、广阔地获取有效信息；其获取的信息更新快、时效性强，可随时补充实地调研；具有多元优势，可针对性地获取有效信息，或进行多元数据交叉叠加比对，以提高数据的可靠性。此外，可利用互联网平台进行调研对象的海量筛选，如在"本地人"视角的历史文化街区评价中，可通过网络平台筛选调研对象并获取针对性的调研信息，对特异性的调研对象具有一定的针对性，为调研分析提供了新途径。

（2）多元获取、多方法交叉叠加，提高分析的科学性

互联网数据技术应用方法与数据提取途径非常丰富，其数据往往呈现出大量性、模糊性及随机性等特点，导致数据获取、分析、应用隐含着不可控的潜在问题，需要根据项目特点对数据进行筛选、分析、整合。一方面，利用互联网平台多信息来源的特点，多渠道获取数据信息并进行综合比对，提高数据来源的多元性；另一方面，可采取多种量化分析方法，交叉比对以提高分析结果的科学性，如在工业遗存保护再利用评价中，将互联网评价与专家打分评价相互比对，在验证调研结果的同时，可用于互联网评价体系的优化。

（3）针对性地引导新旧共构，物质空间与人文内涵并重

历史文化街区的保护性更新和城市工业遗存的保护再利用，均涉及城市的新旧共构和有机发展，不仅要关注物质空间的更新再生，更要注意场地及街区的人文内涵构建。

针对历史文化街区的保护性更新，需以"原真性"引导街区的更新开发，促进"地方认同感"的营造。可结合不同视角的地方认同感评价，针对原真性构成要素展开优化；结合地域特点优化建筑环境要素，整合商业休闲购物，强化其文化功能与文化体验，避免历史文化街区开发的"千街一面"

现象，重塑地方认同感。

  针对工业遗存的保护再利用，需要关注其由"废"到"兴"的过程中价值、生态、空间的多元回归。不仅要重视土地资源的可持续发展，更需要考虑空间利用与自然人文内涵的共构。发挥其区位优势，在尊重工业遗存的空间形态、功能组织等特点的基础上，选择适宜的开发利用模式，制定针对性的策略，采取有效的技术手段，处理好保护继承与开发利用之间的平衡。不仅重视工业遗存的经济价值，还应兼顾与之相关的社会、生态、文化价值。结合工业用地的功能置换、景观重构、城市记忆再现等契机，赋予工业遗存以时代意义，实现物质空间与人文内涵的共构。

5

格局整合重构

　　水与城存在着深厚的渊源，城市缘水而生、因水而兴，水系为城市的生长发展提供了必要的自然条件与生产、生活资源，催生了诸多各具特色的水乡城市。水在城市系统中作为不可忽视的自然资源与空间要素，具有一定的特殊性，为城市提供了生产、生活的必要资源，并在长期的生产、生活中影响着城市肌理的生长，对城市的空间格局、肌理结构具有重要的引导作用，有助于建立起不同性质、功能、特色的区域性系统的联系，推动街区格局的整合重构。

5.1　水与城市

　　水是生命之源，城市作为人类聚居的载体，其产生与拓展往往与水系存在着千丝万缕的关系，城市的发展自古以来就对水资源存在着强烈的依赖性；水陆相交的滨水地带更因"边缘效应"[185]而具备多样化发展的可能。然而随着时代的发展，水与城市的关系也随之变化，传统的水城格局面临诸多挑战。

5.1.1　缘水而生的城市

　　纵观城市发展史，人类傍水而居形成了最早的城市雏形，人类文明也随之缘水而起。早期人类密集地聚居于"市"[186]周边，以水为核心展开生

---

[185]　"边缘效应"（Edge Effect）的概念源于生态学："在边缘地带可能发现不同的物种组成和丰度，即所谓边缘效应。""由于交错区生态环境条件的特殊性、异质性和不稳定性，毗邻群落的生物可能聚集在这一生境重叠的交错区域中，不但增大了交错区中物种的多样性和种群密度，而且增大了某些生物种的活动强度和生产力。"究其根本，"边缘效应"的存在及其内在触发动力，来源于异质的碰撞。在自然界中，边缘区的自然生态本质是环境的异质性与生境的丰富多样性。如一个森林生态系统，其边缘（林缘带）往往分布着比森林内部更为丰富的动植物种类，具有更高的生产力和更丰富的景观；在一个池塘系统中，生物最为活跃的区域是处于水、空气、土壤三个完全不同的小系统的交界之处。

[186]　随着生产力的发展，有了剩余产品，随之就有了私有财产及其交换，这种交换的场所就是"市"，市的扩展就出现了初期的城市。市出现在什么地方，也非偶然，"市井"反映了人类聚居的空间选择偏好。

产、生活和商品交换等活动，而"市"的选址往往靠近河、湖、泉、井等水源处。如《史记正义》[187] 所记载："古者未有市及井，若朝聚井汲水，便将货物于井边货卖，故言市井。"其中"因井为市"反映了早期的人类聚落与水系的密切关系。虽然东、西方城市形态发展演化脉络的差异显著，但均可观察到以水为核心进行拓展的轨迹：东方城市呈跳跃式发展，往往以水为核心形成城址（图 49）。如古都南京曾以秦淮河为核心，形成六朝时期的建邺、建康城以及南唐时期的江宁府城三个重要城址；江南城市苏州自春秋战国时期选址、建城以来，沿水系不断扩大，格局不断完善，从宋代到清代，形成了水路交织的棋盘式格局并延续至今。西方城市更是以水为核心呈"同心圆式"发展，典型的如法国首都巴黎，公元前 3 世纪在塞纳河的小岛上形成了吕岱安 [188] 的渔村，此后便以同心圆式拓展形成现代的巴黎，其拓展轨迹从不同时期的巴黎城墙可见一斑；德国的柏林源起于 12 世纪末施普雷河（Spree River）畔北岸的两处人类聚居地 [189]，此后，两处聚居地在 13 世纪合二为一，呈同心圆式向外生长。

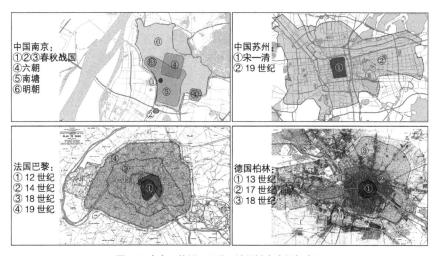

图 49: 南京、苏州、巴黎、柏林城市生长与水系
资料来源：根据不同时期历史图纸绘制

---

[187] 唐人张守节所著《史记正义》是学术价值最高的《史记》古注之一。

[188] 巴黎（Paris）的历史开始于西岱岛（Ile de la Cité），吕岱安为其前身。巴黎的城市原点坐标在西岱岛的巴黎圣母院附近。

[189] 早在 13 世纪，聚居区是位于施普雷河畔北岸柏林和博物馆岛所在地的两处，1237 年 10 月 28 日 Coelln 被首次提出（柏林的诞生日），1307 年人们将此两部分合并在一起，由此诞生了柏林。

古代城市人口聚集与水的关系紧密相依，水城共构为城市活力构建提供必要条件，使城市的功能得到满足，主要可以归纳为以下几个方面。

（1）供水排水

水是城市生产、生活的必要资源，城市选址一定要考虑城市取水的问题，江、河、湖之滨的地表水量充足且地下水丰富，方便引水或打井取水，保证居民饮水和日常生产、生活用水，包括农林灌溉和城市防火[190]；此外，也需考虑城市排水，保证良好的人居环境。如苏州在城市发展中，充分利用水源、地形等自然条件形成"棋盘状"的格局并延续至今，水网与城市密切相依的格局始终得以保留[191]（图50）。

（2）防卫防灾

防卫功能在城市建设中占有极为重要的地位，春秋时期形成了城郭制，"筑城以卫君，造郭以守民"[192]，"内之为城，外之为郭"。城市建设筑有坚固的城墙，除了利用自然水系形成天然的空间界限对城市形成阻隔与保护外，往往挖池或濠形成护城河；护城河一般取水于城外的河湖，建引水渠、排水渠等保障护城河的正常运行，与城墙共同构成城池体系（图51）。如苏州古城西南角的盘门[193]，为目前国内保存完好的唯一水陆并联的古城门，由城楼、城墙、瓮城和水陆城门构成（图52）。城池体系具有平战两用的特点，特殊时期满足防卫需要，和平时期可以用作城市防洪[194]，具有导水泄洪的作用。

---

[190]　古代以木结构房屋占主导，城市的防火尤为重要，在文献中有大量的记载。

[191]　苏州城始建于周敬王六年（公元前514年），春秋吴国建都筑有8座城门和8座水门，其城市建设水陆并重，充分发挥水网的优势，很快成为全国重要的经济中心之一。隋代，曾经迁城址至西南方的横山下，但新址供水排水以及水路交通受限，又迁回原址。宋代，随着国家的经济中心转到江南，苏州更是成为江南运河水路上重要的节点，愈加繁荣。

[192]　"鲧筑城以卫君，造廓以守民，此城廓之始也。"引自《吴越春秋》，意为修筑城堡用来保卫君主，建造城墙用来守护百姓。

[193]　苏州盘门相传建城时悬木制蟠龙于门上，以震慑越国，称为蟠门；后因其水陆萦回曲折，改称盘门。现存盘门为元至正十一年（1351）重建，经明清两代续修。后历经损毁与重修。盘门城门朝东南，水陆并列两道陆门和两道水闸门。陆门为两道，期间为方形的瓮城（内周长约177m，城墙高8.1m），外城门门洞宽3m，进深7m；内城门宽4m，进深15m。城门中间有通天缝隙可升降闸门。水城门纵深24.5m，金刚墙高7.25m，拱券矢高2.75m，开有闸槽。东南隅城墙内辟有洞穴通道，可登城台。

[194]　由于城市用水需求，城市选址往往与水脉相通。洪水来临时，可关闭城门以土封填，将洪水阻挡于城外。

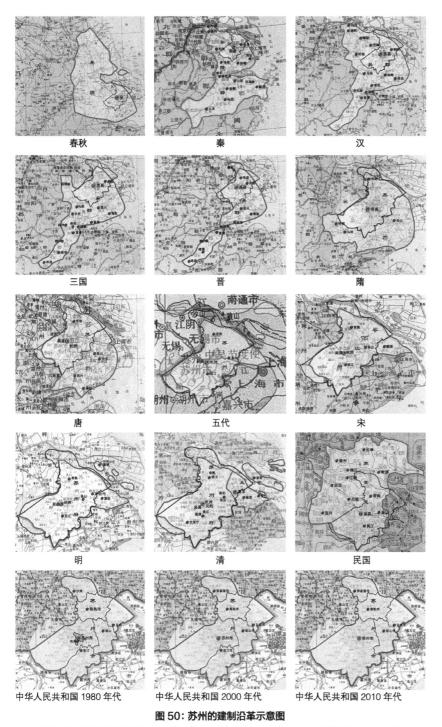

春秋　秦　汉　三国　晋　隋　唐　五代　宋　明　清　民国

中华人民共和国 1980 年代　中华人民共和国 2000 年代　中华人民共和国 2010 年代

图 50：苏州的建制沿革示意图

资料来源：根据《苏州历史文化名城保护专项规划 2017—2035》，建制沿革示意图改绘

图 51: 苏州历史发展中的城墙与水道系统

资料来源：作者根据史料绘制

图 52: 苏州盘门水陆双城门（左：水城门；右：陆城门）

资料来源：作者拍摄

图 53:《姑苏繁华图》中的苏州阊门地区水陆繁荣景象

资料来源：《姑苏繁华图》(清·徐扬) 片段

图54：姑苏繁华图中和水相关的生产生活
资料来源：《姑苏繁华图》（清·徐扬）片段

（3）生产航运

在早期城市中，河流与湖泊为城市提供了水源等生产必需的要素，并支撑水上运输等活动，城市呈现居民临河而居，在滨水区展开种植、加工等生产活动的图景（图53-54），诸多城市"一水穿城、枝系密布"，以滨水空间为核心呈现繁荣景象。此外，古代城市中陆运条件较差[195]，水路运输在运量、运价等方面具有显著优点，利用自然水系成为城市乃至整个国家重要的交通选择[196]，逐渐形成"外有运河、内有运渠"的水运体系，至今可以在诸多历史城市中看到相关的遗存或遗迹。

（4）景观环境

水系作为城市自然环境的有机构成和重要影响因素，其形态、布局、功能利用往往对城市建设产生重大的影响，对城市骨架网络、用地布局乃至发展方向产生引导作用。此外，诸多历史城市的水系作为体现城市特色的最重要因素，是城市意象不可或缺的构成。如唐代长安城作为当时世界

---

[195]　古代陆运，道路标准低，车辆笨重而牵引动力有限，耗费大而运量小。

[196]　如始建于春秋时期的京杭运河，是世界上里程最长、工程最大的古代运河，也是最古老的运河之一，并且使用至今。运河南起余杭（今杭州），北到涿郡（今北京），途经今浙江、江苏、山东、河北四省及天津、北京两市，贯通海河、黄河、淮河、长江、钱塘江五大水系，主要水源为微山湖，运河全长约1797km。京杭运河对中国南北地区之间的经济、文化发展与交流，特别是对沿线地区工农业经济的发展起到了巨大作用。（参见百度百科）

图 55：苏州山塘河的河街并行格局
资料来源：作者拍摄

规模最大的城市，其有 11 条南北向大街与 14 条东西向大街纵横交织，两侧设置水沟并在沟边种杨树。街道、流水、绿树与城中园林、绿地、池沼相呼应，在保证城市生产、生活用水的同时，形成了颇具品质的环境景观[197]。苏州山塘河（图 55）、上塘河、平江河等，至今还保留着河街并行的格局，成为城市意象中重要的构成。

　　虽然时过境迁，现代城市的发展已不再过分依赖自然地理环境，但是水与城的互动关系依然在延续。城市滨水空间[198]依然是城市中充满活力的区域，既是城市活力的源点，也是现代城市空间的平衡点；现代滨水城市中城市软质要素（城市水体）与城市硬质要素（城市建筑）的共生共构，催生了兼具自然生态景观与人工景观的滨水空间，对促进人与环境的和谐及平衡发展具有重要意义。而滨水空间由于自身的复杂性，往往成为城市重要的公共开放空间而极具活力，能够在更高的城市层面促进城市结构的整合，实现水城有机共构。

---

[197]　古人通过长期的实践认识到，可以用水利工程把水引入城市，或将自然水域加以改造之后作为建城的环境。这些城区或郊区的水体都成为改善乃至美化人居环境的条件。

[198]　可以将其理解为由城市水系所形成的"水场"。若从可达性的角度界定城市滨水区的范围，200～300m 的水域空间及与之相邻的城市陆域空间均属于滨水区范畴。国内一些学者认为，滨水区的范围可界定为从水际线到路上的第一个街区。然而，西方学者偏向主张"滨水"并非限定在物质上，认为只要感觉上与水域相关联或其本身属于城市滨水区整体的一部分则均可界定为"滨水"。

5.1.2 水城格局的困境与挑战

（1）生产、生活改变对水城共构格局的冲击

传统的滨水城市中，生产与社会生活多以水为核心展开。20世纪，随着工业化的发展，铁路、公路等交通工具和设施得到了长足发展，水系作为运输航道的意义逐渐形成两极分化。一方面，部分航运等功能形成集聚，导致大量的滨水空间被港口、仓库、码头等功能区所占据，加之工业生产对水体的严重污染，导致城市滨水区域混乱无序、污染严重；另一方面，陆路、航空运输的发展，加剧了中小型水运码头等相关设施衰退，依赖水运、水力的工业面临搬迁或衰败废弃的窘境，与之相关的码头、工厂和仓库等受到巨大冲击，亟待功能调整与活力复兴。

生产、生活方式的改变，使得城市居民的生活重心从"水边"向"路边"转移，进一步加剧了滨水产业的衰退。传统滨水居住街区与城市生活、工作要求的差距较大，加之河道污染、相关市政设施落伍、整体居住环境较差等因素，传统滨水街区功能蜕化、滨水区公共设施衰败匮乏、公共空间活力丧失，传统滨水街区的保护建筑、桥梁、码头等公共空间亟须相应改善。

此外，城市建设对于土地的需求，难免激化城市的发展与河流之间的冲突。在工业时期和现今快速城镇化过程中，经济指导的发展模式和城市规划建设管理，使得水系长期以来被当作单纯的生产资源加以利用，或在城市中被漠视、忽视，一定程度上造成了水系与城市结构的脱节。人们对水系无节制的开发，更是催生了"填河造路"的行为，导致一些城市水系消失于地表。我国典型的水网城市苏州，在现代交通方式下其水系遭到一定的破坏，原有的三横四直的水系只剩下三横三直[199]，干将河在城市发展中被改造为一条水泥驳岸的景观河；南京的进香河被填埋，仅留下路名与回忆。法国城市南特，其两条卢瓦尔河（La Loire）[200]的支流被填埋，以进行城市建设，雷恩市的主要河流维莱纳河（La Vilaine）则屈居于停车场下。

城市水系的退化伴随着城市生态景观资源的消逝，滨水用地及水环境污染也在不同程度上降低了城市的环境品质，甚至给城市安全留下了巨大

---

[199] 苏州在唐宋时期已形成以水为核心、街巷依附水系伸展的结构，至明清，则形成"大河三横四直，郡郭三百余巷"的结构。然而随着城市的发展，诸多河道被填埋或被改为暗沟，苏州古城区的景德路、观前街、中街路、养育巷、人民路等都是由污河填埋而成。

[200] 法国城市南特位于法国卢瓦尔河下游，卢瓦尔河为法国第一大河。

隐患。"填河造路"对城市水网体系和城市肌理的伤害，引发了诸多城市的反思。我国苏州 2003 年 3 月，实现了平江历史文化片区张家巷河（607m）的通水"重生"[201]，随着江南地域文化的恢复，滨水区用地功能的置换，古城区传统的前街后河、车船并行的水陆"双棋盘"交通系统也随之复兴，传统滨水街区的鱼骨状等肌理得到延续与保护；新兴城市建设更是通过对河街交汇口、街巷交汇处的重点处理，强化水体与城市公共空间的互动关联，形成通向水域的公共空间序列。韩国首尔对被水泥底板遮蔽的清溪川[202]进行自然恢复，重构沿水城市空间的秩序，推进周边城市更新与街区意象重塑，构建"慢行—景观"系统，形成以人与自然为核心的高参与度的公共空间，极大地激发出街区的活力[203]（图 56）。

图 56：韩国首尔清溪川
资料来源：作者拍摄

---

[201] 20 世纪中期，苏州城区人口剧增，苏州先后填埋了 20 多条城中河道以满足城市发展对土地的需求，张家巷河等被填埋，填河造路造成原本河路相依的城市肌理被严重破坏，一度导致苏州古城被淹。项目于 2005 年启动，2020 年全线通水，用时 15 年，耗资超过 2000 万元。

[202] 韩国在 20 世纪五六十年代，将清溪川覆盖成为暗渠，70 年代又在清溪川上面兴建高架道路。2003 年 7 月，首尔市长李明博推动了清溪川复原工程，拆除清溪高架道路及河流上的水泥覆盖物，疏浚河道，使其成为城市中的生态空间，并沿岸进行整治以恢复街区的历史风貌。

[203] 韩国首尔清溪川复原工程（2002—2005）对自然河流上覆盖的水泥道路（1958 年修建）以及高架桥（1971 年修建，5.6km 长，16m 宽）进行拆除。

（2）城市滨水空间具有复杂性，面临系统性、整体性的挑战

城市的滨水空间具有一定的复杂性，它是一个由自然生态、社会人文、人工建设三部分构成的复杂开放系统，其重要的影响因子包括水体特征、河岸特征、植被绿化、区域文化、休闲娱乐、管理机制、滨水用地性质、市政配套建设、建筑空间、环境设施等。随着城镇化的深入，城市决策者和建设者们逐渐认识到滨水空间在城市中的复杂性角色，既是经济社会活动的载体，又是独具特色的城市意向载体，其空间塑造不仅与城市发展及社会经济密切相关，也直接影响着城市特色形象的塑造[204]。需要以系统性、整体性方法补充传统规划设计，涉及人居环境学、景观建筑学、景观生态学、环境心理学、人文地理学、设计艺术学等理论的交叉。在具体的设计中，应从城市有机整合的角度出发，综合运用科学方法进行定性分析与定量评价，重视物质层面的整合建设，同时引导文化层面的圈层塑造。

在实际操作中，现代城市建设对滨水空间也给予重视，然而，许多建设过于强调水网景观形象及沿岸景观整治，与水相关的水体整治、生态治理、水运活动恢复、亲水空间塑造等却存在滞后现象。不少滨水空间建设未能与城市道路、城市景观、城市建筑产生良好的呼应，滨水空间结构塑造与城市肌理脱节。滨水空间的亲水性、开放性缺乏系统性的引导，往往导致区域内功能单一，因缺乏相关功能的配合而无法满足多样化社会活动的需求。

滨水空间作为城市外部空间的重要构成，在开发过程中须进行合理引导、衔接、过渡，以保证其与城市系统有机协调。在不少开发建设过程中，滨水空间与城市其他开放空间各自独立，未能在城市层面构成完整的开放空间体系，如滨水区域被高层建筑、围墙等阻隔，或由于交通割裂而无法呈现完整、连续、系统的滨水景观意象。此外，由于城市水系呈线性展开，滨水建设区往往跨区、跨市，单一地块的控规缺乏系统的规划指导控制，呈现出同一水系不同区段的建设各自为政，建设过程中缺乏统筹而导致空间、功能相对离散，关注局部地块内建筑形式及其功能组合而缺乏与关联区块的协同，难以保证与城市的总体发展需求及滨水区域的发展趋势有效契合等现象。

---

[204] 城市滨水空间作为城市水体向城市空间延伸，在城市建设高度发展的今天，滨水空间往往是城市中独具特色的区域，是城市形象塑造的重要环节，它提供了怡人的环境。早期工业遗留废弃地更是提供了区位良好、规模足够的城市用地，但是其脆弱的生态环境却是建设中需要谨慎考虑的敏感问题。

（3）文脉传承与特色营造

随着城市化进程的深入，许多城市面临新建城区滨水空间的建设和旧城区滨水区的景观改造问题。然而，现代主义的城市建设整治，往往强调以几何化的方式进行水系建设与景观处理，导致许多地域文脉断裂，原生水系形态被忽视，沿线湿地、驳岸等地域环境特点被抹杀。不少城市受成功的滨水建设案例的影响而忽视地域特色，偏离城市文脉，导致滨水区主题模糊、建设手法单一，滨水空间缺乏辨识性。因此，水城格局的有机发展需要立足地域、多方协同，避免滨水空间的整治与城市建设脱节、自然风貌与地域文化特色丧失。

在策略制定方面，针对旧城区的滨水空间功能滞后、设施陈旧、业态衰败的问题，更新改造除了满足现代城市居民对滨水区功能、空间的需求外，在适当、合理的投资条件下，还需要保护城市文脉的完整性。而新城区滨水区的规划设计应发挥其后起优势，在满足城市居民生活、休闲、游憩等需求的同时，发挥滨水空间在城市结构整合、功能完善、文脉传承、意向营造、活力激发等方面的作用。

5.2 城市发展中的水城共构

水系在空间和功能上都是城市不可忽视的构成要素，城市水系的线性延伸凸显于城市的结构之中，与城市要素共同作用并赋予城市空间以新的意义与特征。但是，水体在城市系统中也有两面性，一方面生产、生活需要围绕水展开；另一方面水体对城市空间以及生产、生活具有分割作用。因此，对滨水空间，不仅需要直接研究水体、滨水两岸，更需要把滨水区与城市整体结合起来研究，将微观意向塑造与宏观城市结构相结合，保证滨水空间与城市空间形态生长趋势和谐统一，推进滨水区与城市空间结构的有机共构。

综观城市生长演化的轨迹，可以观察到，线性水域与城市空间长期以来密切互动，体现为水体与街道并行延伸、相互渗透，形成河街体系；城市公共空间的结构性渗透打破原有水域界面，形成滨水节点并向城市纵深渗透；此外，可在诸多历史城市中可以观察到水与城的肌理共构、意向共构、秩序共构。

5.2.1 肌理共构

在城市的生长拓展中，水体的个性鲜明、性质特殊，对城市的结构扩张与肌理生长具有控制引导作用。而城市的肌理生长、空间层次构建，均与城市水系存在千丝万缕的关联，反向制约或推进城市的滨水空间营建。水陆交汇的地区，复杂多样的城市要素发生异质碰撞进而产生"边缘效应"，触发城市的自组织机制，为城市、街区的活力营建带来积极的意义。

（1）轴线

不少城市的肌理生长常与水系呈垂直或水平的关系，形成一定的轴线延伸，串联起城市公共建筑和公共空间，并对城市的发展起到控制和引导作用。因此，以水为核心的城市肌理营建，也可以城市公共建筑为节点，构建一系列平行或垂直于水系的通路、景观视廊，甚至形成城市轴线。此外，伴随着跨河交通也催生了垂直于水体的轴线，如跨越水体的桥梁与城市道路相连，形成指向城市内部的若干通路与景观视廊，将城市肌理有机关联在城市水体两侧。

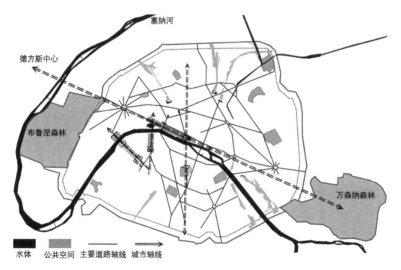

图 57：巴黎城市公共空间及轴线

资料来源：作者绘制

巴黎城市生长沿水体走势延伸，以塞纳河为界，形成了左岸、右岸不同的文化圈层；东西向主轴线"卢浮宫—协和广场—香榭丽舍大道—凯旋门—德方斯中心"[205]，实现了城市开放空间、绿地、重要建筑（如卢浮宫、凯旋门等）的有机串联，承载着不同时期的城市文化，同时将位于城市两

---

[205] 巴黎的主轴线长约 8km，平行于塞纳河延伸。

端的布鲁涅森林、万森纳森林与城市绿地系统紧密相连。垂直于水体的南北主轴线"蒙苏里公园—卢森堡公园、参议院、法兰西学院—塞纳河—巴黎歌剧院—蒙马特高地",形成南北两高地——两塔跨河呼应的秩序[206];南北副轴线"军校—埃菲尔铁塔、战神广场—塞纳河—夏悠宫"和"荣军院—塞纳河—协和广场",也以塞纳河为核心形成夹角并指向城市广场。这些平行或垂直于水体的轴线,起源于城市自组织生长对水体走势的呼应,主、次轴线纵横交织,对后续的城市建设起到控制与引导作用(图57)。

(2)肌理

①水与城市空间相互渗透

在早期的城市中,水陆相交的滨水区域由于其天然优势,往往成为城市活动的重要集聚地,沿水岸线呈现出"边缘效应"并具有一定的"自组织作用",这对早期城市肌理的形成起到重要的引导和推动作用。随着城市的发展,街区的营建和拓展也与水网密切互动,形成水网与城市肌理的水平交叉体系,滨水空间与城市功能空间有机协同,推进城市肌理的整合与生长。在此有机体系中,公共开放空间作为水域空间向城市渗透的重要节点,是河街关系的连接点与缓冲点,也是水城肌理共构的耦合点。如瑞士伯尔尼[207],意大利威尼斯,中国苏州、杭州、绍兴等历史城市,均可观察到滨水空间与城市节点产生关联并向城市空间纵深渗透的现象;水体与广场、绿地、慢行交通等有机交织,形成具有复合功能的城市"景观—慢行"系统,促进城市亦松亦紧、丰富多变的肌理构建。

瑞士首都伯尔尼新老城区之间虽被阿勒河(Aare River)分割,但是其公共建筑通过各种层级的道路、绿化、视廊相互呼应并形成垂直于水体的轴线,连接城市新老肌理。古城区沿阿勒河走向延伸,城市建筑平行于水体线性展开,以连廊塑造复合的交通空间以呼应城市主轴线,并以城市钟塔、绿地、公园等节点建立城市公共空间与水体的良好对话,形成了多层次、有机的滨水开放空间系统(图58-59)。

---

[206] 南北主轴两端的蒙马特高地的北塔与蒙苏里公园内的南塔跨越塞纳河遥相呼应。

[207] 瑞士首都伯尔尼(Berne,德语 Bern),位于瑞士西半部领土中央偏北之处,是仅次于苏黎世和日内瓦的第三大城市,伯尔尼州的首府。位于莱茵河支流阿勒河的自然弯曲的半岛处,三面沿河的半岛形成了城市天然的防卫屏障,城市肌理沿天然河湾展开,结合地形的起伏,形成了典型的线性延伸肌理,在古城区至今清晰可辨:早期的木构建筑被火灾损毁后改用石材建设,城市建筑线性展开的同时,街道两旁辅以彼此相连的拱廊,城市肌理得到进一步强化。

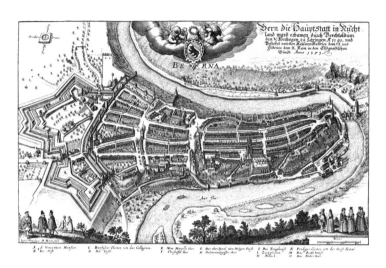

图58：瑞士首都伯尔尼

资料来源：1353 年伯尔尼城市版画

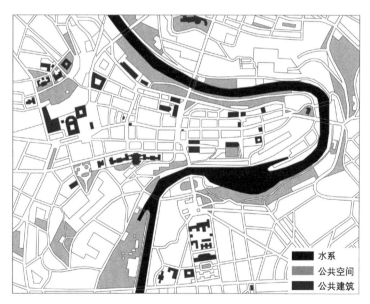

　　水系

　　公共空间

　　公共建筑

图59：瑞士首都伯尔尼水—路网关系、主要公共建筑与肌理

资料来源：作者绘制

②河—路垂直的肌理营造

　　在现代城市滨水区结构性拓展与整合中，由于受自然条件与城市建成区的限制，构建河—路垂直的景观慢行系统成为推进水城共构与活力营建的常见手法。在各种指向水面的视线走廊中，垂直于河道水系方向的视觉走廊居多，可将滨水开放公园、绿地、广场、桥梁与城市肌理中的道路系统关联起来，使城市水体景观"渗透"到城市纵深腹地。

巴黎的跨河体系始于中世纪，是将西岱岛、左岸大学区、右岸城市[208]有机联系起来，并在此后的城市生长中不断强化原生河岸的堤坝沿河景观，与路网形成多角度水平交叉的体系。城市美化运动促使巴黎形成以塞纳河为核心协调整体布局的建设意见，强化了以滨水区为起点指向城市公共开放空间或重要建筑的通路，奠定了城市肌理放射状格局。1853—1870 年的"巴黎改造计划"中，奥斯曼（Haussmann）[209] 将塞纳河视为重要的城市结构轴线，除建设与之平行的景观主轴线外，更是梳理出垂直水系的景观副轴线，水平交叉体系主次分明，为后续城市建设指明了方向（图 60）。

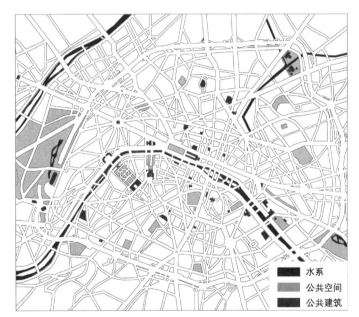

图 60：巴黎水—路网关系、主要公共建筑与肌理

资料来源：作者绘制

---

[208] 左岸通常指法国首都巴黎在塞纳河左岸的部分。巴黎人将塞纳河以北称为右岸，那里有许多高级的百货商店、精品店及饭店；而塞纳河以南被称为左岸，那里有许多学院及文化教育机构，那里以年轻人居多，消费也较便宜（百度百科 https://baike.baidu.com/item/%E5%B7%A6%E5%B2%B8/3254?fr=aladdin）。

[209] 拿破仑三世（Napoléon Ⅲ）执政后，任命欧仁·奥斯曼（Baron Georges-Eugène Haussmann）为塞纳省省长，1853—1870 年，巴黎进行了"巴黎改造计划"的城市改造。

③河—河垂直的肌理营造

以河—河垂直系统为主导的空间结构形态，常见于水网密布的水乡城市，水系在城市中的整体性与系统性得到重视与利用，形成主次水网垂直交叉的典型肌理。虽然绝大多数水网城市的肌理在形成之初都带有强烈的规划设计理念，但是水网系统与居民生活之间由于经历了长期磨合，而具有较高的稳定性和活跃的生命力，对后续的城市形态生长起到至关重要作用。在意大利威尼斯、荷兰首都阿姆斯特丹以及中国江南水网城市，均可观察到以水网为主导的肌理生长现象，水、路网相辅相成，彰显城市空间和历史人文特点，展现城市的性格与魅力。

荷兰首都阿姆斯特丹是典型的由人工水网主导的城市构架[210]，规划建设的人工运河主导了城市的形态，城市的布局沿河口成扇状展开，从城市中心区向外环状延伸。辛厄尔运河（Singel）、绅士运河（Herengracht）、国王运河（Keizersgracht）、王子运河（Prinsengracht）形成一系列同心圆式拓展，并以城市中心区的河口位置为圆心，建造若干放射状运河，与环状运河垂直相交，形成了"放射 + 环状"的水网体系，运河两岸各具特色、由城市空间与水网体系形成的水道风光，进一步强化了城市景观与城市意象（图 61）。

图 61：荷兰阿姆斯特丹水系、水—路网关系、主要公共建筑与肌理

资料来源：作者绘制

---

[210] 荷兰首都阿姆斯特丹，其城市内人工运河数量高达 160 余条，多开凿于 17 世纪。

5.2.2　意象共构

（1）整体性与连续性构建

虽然城市水系多处于相近的水平面之中，但作为立体城市的有机构成，应从系统的角度考虑滨水景观的整体性以及与界面的连续统一性，对水际线、岸基线、林冠线、城市天际线等景观视线进行连续、统一的层次塑造；根据滨水区功能特点梳理其景观、建筑等构成，提高城市滨水区的特色性与可识别性。

此外，整体的营造需考虑城市的历史文脉、区域总体天际线等特点，重视城市滨水天际线的历史文化价值。一方面，可结合城市文脉赋予不同制高点（人工或自然）以标志性意义，通过制高点对滨水空间意象塑造进行调节；另一方面，须从城市系统的整体性与水系的连续性出发，避免焦点过于分散，利用滨水区地势、地形保障城市视廊通达，塑造"远近高低各不同"的多样、多层次景观，促进城市景观的立体化延伸。如近几个世纪，巴黎、都灵等城市核心滨水区的天际线受到严格控制，保证了滨水地区"背景"天际线的稳定性，加上垂直于岸线的纵深方向上的建筑和街道轮廓也受到严格控制，强化了城市居民与水系之间密切的关系，同时传承了城市文脉。

（2）多层次立体构建

多层次滨水开放空间可实现城市不同标高的有机联系，可利用水岸天然的高差促进多层次景观的形成，同时结合慢行系统的构建推进水与城的互动。瑞士首都伯尔尼，利用阿勒河畔天然的高差，有机整合城市景观与城市慢行系统，形成富有层次的滨水城市界面；不同时期的城市建筑隔河相望并以跨河交通进行有机联系，形成新旧城市区域的过渡与呼应（图62）。意大利都灵 1872 波河[211]（Po River）左岸整治，就是对道路与河道的天然高差加以利用[212]，除形成一系列面向波河的仓储空间外，还利用坡道连接城市滨河大道和沿水岸的慢行交通，形成富有层次的河堤交通和景观体系；2006 年开展的穆拉兹河堤（Mlaz River Embankment）综合体改造，对部分功能衰败的服务、仓储空间进行功能置换，以恢复滨水公共空间活力[213]，

---

[211]　波河（Po River），意大利最大河流，发源于意大利与法国交界处科蒂安山脉海拔 3 841m 的维索山，流入亚得里亚海。

[212]　修筑包括栏杆高度在内约 10m 的堤岸，用拱形结构加横断墙的方式对抗侧推力，增强堤岸内部结构。

[213]　改造前波河沿岸利用天然高差形成的沿河堤房间，为传统的、与水相关的服务活动提供了空间，如仓储、洗衣房等，随着时代的发展，这些活动已减少或消失，许多沿河堤房间被闲置而呈衰败景象。2006 年改造，清除了滨水区内不适宜的活动，将开放空间还予城市，以激发滨水空间的活力。

利用滨水开放空间的自由延展性强化其与城市开放空间系统的联系，将处于不同城市标高的城市"客厅"——维托里奥广场和城市"绿肺——"瓦伦蒂诺公园有机联系起来，促进多层次城市空间构建（图63）。

图62: 瑞士首都伯尔尼立体层次
资料来源: 作者拍摄

图63: 意大利都灵立体层次
资料来源: 作者拍摄

5.2.3　秩序共构

在滨水区的空间体验中，使用者的每一个感官，都会对滨水区的部分片段产生反应并形成印象，综合形成滨水区独特的意象。这个过程中，视觉的体验占据了重要地位[214]，因此，滨水区的景观视觉界面营造变得尤为重

---

[214]　视觉系统是人体最重要的感觉系统。视觉则是感知外部世界最重要的途径，人类80%以上的感觉信息都是视觉信息。

要。水域在城市中特殊的空间意义，使得其具有推动区域整合、促进滨水区域城市意象完善的作用。一方面需重视滨水空间的视觉界面重塑，营造大同小异的相似性秩序；另一方面可以水为核心，"织补"、过渡城市新旧片区，建立不同功能、不同新旧程度、不同使用人群以及新旧建筑之间的有机对话。

（1）相似性秩序营造

为了削弱水系对城市肌理的割裂分离，滨水区视觉界面的构建往往重视建筑风格、体量规模、材质细部等要素间的相互呼应，以塑造统一、连续的视觉秩序。在很多历史城市中，滨水界面营造过程中在对高度、材质、开口方式等进行处理时均会考虑界面的秩序性。如中国江南地区水乡城市苏州，其代表性的滨水街区山塘街、平江历史街区、斜塘老街，邻水界面的建筑除风格保持一致外，其檐口高度、门窗高度等均保持一定的秩序性。临水界面遇到巷弄入口，则通过设置券门的形式保持临水界面的连续性，弱化辅街交叉带来的滨水界面的空洞与断裂，体现出大同小异的特点[215]。街区中滨水建筑在形制与功能上也有惊人的相似性，如商业性滨水建筑多以前店后宅与下店上宅的形式为主[216]。

（2）差异性秩序营造

城市的形态生长与水系延伸密切相关，不少水系两岸城市发展的节奏不同，不同时期的历史积淀促成了差异性的滨水界面，导致两岸的滨水界面呈现不同时代的特点，可以通过两岸差异性的视觉秩序强化新旧之间的跨河对话。如法国南部城市波尔多，在 20 世纪 70 年代的城市改造中，其加龙河（Gironde）右岸就是以现代化的滨水城市界面来整治，呼应加龙河左岸 18 世纪的传统城市立面（图 64）。加龙河两岸的视觉界面塑造，以显著的风格差异对比，形成新旧时空的差异性秩序，凸显两岸不同时代的风貌特点，并在一定程度上对右岸的发展产生了要求与指引。此后，波尔多的城市规划项目都是以水为核心在两岸同步展开，强调"城市与河流融为一体"的有机整合；同时将港口地带收归政府所有，引入有轨电车，形成从市中心皇家广场一带向城市边缘的有机辐射，以水为核心联结城市中心与边缘地带。

---

[215] 阮仪三教授在《姑苏新续》中指出，江南传统街道立面存在"大同小异"的特点。
[216] 其中，前店后宅一般为两到三进，位于背河一侧，临街部分为店铺，后面是宅院。下店上宅则是前临街后临河，多为一进。

图 64：加龙河两岸的波尔多城市界面

注：上图为古城区，下图桥对面为新城区

资料来源：作者拍摄

5.3 格局营建：地域性"河街"复兴

江南地区降水充沛，赋予了江南城市独特的水网资源环境。城市空间与河道水系之间紧密联系，构成了江南水网城市区别于其他地域城市的重要特征和空间格局。江南城市街区特有的"水陆双行"的空间特征和"河街"格局，反映了江南街区在长久的使用、修缮、营造过程中，适应时代发展进行功能变迁的趋势，暗含了江南街区长久活力的关键特征及规律，可帮助理解和定义街区内在的"空间—社会"秩序。

5.3.1 江南城市空间格局

（1）城市图景

自古以来，江南地区城市发展高度依赖河道，呈现"因水成市，顺河而居"的发展特点。江南地区水路交通发达，京杭运河的开凿通航更是促进了沿运河、太湖地区空间的生长发展，城市空间格局与河道水网走向相辅相成，河道水网与城镇道路网相生相依，形成了"小桥流水人家"的独特空间格局。至今在经济发达的苏州等城市中[217]，依然保留着完整的"河街"

---

[217] 太湖流域拥有大量的水乡古镇群，除苏州古城区外，还发展出一大片著名的古城镇，仅苏州地区就保存有昆山周庄、吴江同里、吴中角直、吴中木渎、太仓沙溪、昆山千灯、昆山锦溪、常熟沙家浜、吴中东山、张家港凤凰等中国历史文化名镇。

水陆同构的特色空间格局，彰显着江南城市的地域特色与文化魅力。

（2）"河街"格局

以典型的江南城市苏州为例，其古城区的水体、街道、建筑物之间形成河、街、屋三种空间元素沿水系方向的重复与组合，演变出"一河一街""一河两街""河街相邻"等代表性的空间格局[218]，形成了江南水乡的地域性空间格局（表34）。其中，在"一河一街"与"一河两街"的空间组合模式中，街道直接临河，形成"面河"式空间布局；而河街分离，街道不直接临河而是两面为建筑，形成建筑夹于河街之间的"背河"式空间布局。相比于"面河"模式，在"街河分离"模式中，沿街公共空间得到拓展，形成了经典的沿河商业街的空间模式。值得注意的是，在传统滨水街区中，几种模式往往交替出现，形成街道面河与背河交替的节奏，促成多变的滨水空间体验。

表34：苏州典型的"河街"空间格局
资料来源：作者绘制

基本模式	面河式		背河式
	一河一街	一河两街	河街相邻
剖面示意	街　河	街　河　街	街　　　河
平面示意	街　河	街　河　街	街　　　河

①一河两街

指河道两侧为街道，街道外侧布置建筑，形成"街—河—街"的空间格局。这种空间模式多出现在主要河道上，便于水、陆交通间的转换，在

---

[218] 梳理大量关于江南地区的研究，可以总结概括"河街"空间格局的代表性类型，主要包括"一河两街""一河一街""河街相邻"。

河道两侧设有公共码头。沿街建筑多为商业，采取前店后厂、前店后宅的形式，沿街一面常设廊棚或者骑楼，方便步行。

②一河一街

指河道一侧为街道，街道外侧为建筑；河道另一侧为建筑。这种空间模式多用于次要河道上，河道临路一侧设有公共码头，而临建筑一侧通常设有私用码头。

③河街相邻

指两侧建筑夹着河道，形成"建筑—河—建筑"的形式，建筑的外侧再设街道或巷道。在这种空间模式中建筑一面紧临河道，可以方便水路货运；另一面又可以面向街道营业，形成前街后河的空间形态。

5.3.2　挑战与价值

（1）挑战

改革开放后，江南地区经济高速发展，对城市的功能、格局、环境提出更高的要求，也对传统的"河街"空间格局造成了巨大冲击。生产、生活方式发生巨变，导致城市河道的传统功能衰退，职能与意义也发生转变，而大规模的城市建设更是造成了河道数量锐减，"河街"格局面临诸多挑战。

①功能

在传统的江南城市中，河道一度承载着诸多城市功能：供水排水、防卫防灾、生产航运、景观环境等。随着时代发展，城市水网的功能也发生了巨大变化。首先，现代城市中生产、生活用水及排污已由管道完成，河道仅承担雨水排洪功能。其次，城池系统的防卫防灾功能已经随着现代城市的发展而消逝。再次，由于现代城市内部和对外的客运货运早已转向了公路、轨道交通等方式，道路已然承担着城市主要的交通功能，原来兼具客运、货运的水路交通功能面临衰退；河道的航运功能仅在一些主航道中还存在，间或承担一些水上旅游功能。最后，随着生态城市、有机城市、韧性城市等理念的深入人心，人们对河道的生态作用和景观作用有了新的要求。

②数量

随着城市水系传统功能的下降，河道数量的"绝对值"下降严重。加之快速城镇化过程中粗放式的拓展，其中不乏"填河造路"的行为对城市的水网格局造成冲击。如新中国成立以来苏州市前后填塞河道二十多条，总长约 16km[219]（图 65）。作为江南城市中传统水网系统保留相对完整的城市，苏州古城区在战后也面临着河道淤塞严重、"河街"格局退化的窘境，水域周边环境恶化。

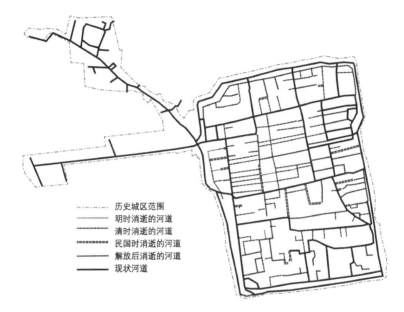

图 65：苏州历史城区水系变化示意图

资料来源：根据史料绘制

③职能

城市中河道的航运、给排水等传统功能衰减的同时，其他作用却在加强。首先，韧性城市与海绵城市的建设对河道蓄水排洪、生态缓冲提出了更高的要求[220]；其次，随着城市生态环保意识的增强，河道水域作为生物

---

[219]　中华人民共和国成立后，1956—1960 年，随着城市内河航运功能的丧失，形成了一股"填河风"，苏州先后填了纽家巷、大儒巷、王天井巷等十多条河道。20 世纪 60、70 年代，在以粮为纲的政策管制下，建设用地不能向城外扩张侵占农田，因此逐步填掉部分内城河并作为厂区；此外，苏州大学还填没了一段内城河以建校舍。1970 年前后，先后将东北段、西北段内城河填没改作防空工事，上面建厂、仓库等，使整个内城河到目前总长不到 5km。由于填塞了很多河道，一度造成苏州古城区多次多处出现内涝。

[220]　以苏州为例，苏州地区年降水量为 1100mm，地表径流丰富，河道湖泊等水域绝对数量较多，约占苏州市域总面积（8488.42km^2）的 43%（约 3600km^2）。

栖息地的作用日渐提升[221]，对滨水地区生态环境提出了更高的要求，也更需要处理好开发与保护之间的平衡关系；最后，与河街系统依存的滨水服务、人文与景观作用增强，优质滨水空间的价值凸显。

（2）"河街"空间格局的多元价值

虽然现代城市与传统城市的生产、生活方式迥异，现代城市中河道的交通、给排水等功能因被其他城市设施所取代而逐渐消失，但是江南城市"河街"的格局在城市系统中仍然具有多元价值。虽然与水系相关的某些功能价值降低了，但另外一些价值却提升了。参考英国著名经济学家大卫·皮尔斯（David Pearce）[222] 对环境资源的价值分类（即使用价值和非使用价值，前者包括直接使用价值、间接使用价值和选择价值；后者包括遗产价值和存在价值），可在其基础上构建价值评判体系并移植到"河街"空间的研究中来，更加全面地认识河道及其滨水空间的价值。

①直接价值

"河街"系统中，河道及滨河空间的直接价值包括物质性的价值和服务性的价值两方面。前者包括水资源和河道提供给人类的直接产品等，主要是消耗性的给水资源和渔业产品；而在此基础上衍生的由城市河道所提供的服务，以无实物的形式存在，为人们提供直接的、非消耗性利用方面的服务，就是服务性的价值，如航运交通、排放废水等。

②间接服务价值

城市水系在城市中呈现的景观环境意义，也是由"河街"系统提供的间接服务价值来构成。城市中宜人的河道水面历来是提升、改善城市景观的重要资源，发挥着重要的社会功能。随着生态城市、花园城市、山水城市等理念深入人心，现代城市建设与更新中更需要发挥河道的景观作用，改善城市环境，提升城市形象，激发城市滨水区域的活力，促进城市发展。"河街"系统的间接服务价值，最终表现为对城市经济间接的提升作用。

③选择价值

选择价值是指个人或社会对河道资源的潜在用途的将来利用，这种利

---

[221]　苏州工业园区、滨太湖、阳澄湖区等纷纷筹建了众多湿地保护公园，迅速对生物保护、城市环境改善起到了作用。据《苏州工业园区生物多样性调查研究》苏州工业园区新闻中心的数据，苏州工业园区内鸟类的种数已经超出了南京紫金山森林公园。

[222]　英国著名经济学家 D·皮尔斯多年来致力于环境价值的评估研究，在其 1994 年出版的著作中提出对环境资源的价值分类（参见：David Pearce，Dominic Moran.The Economic value of biodiversity[M].Cambridge：Earthscan Ltd.：1994。）

用包括直接利用、间接利用、选择利用和潜在利用。如果用货币来计量选择价值，则相当于人们为确保自己或别人将来能利用某种资源或者获得某种效益而预先支付一笔资金（简单来讲，就是优质滨水空间能提升土地的价值）。我国城市河道属于非建设用地，滨水用地归入建设用地范畴；河道的选择价值主要体现在滨水用地的土地出让价值上，通过河道相关营建可提升滨水土地的价值。

④遗产价值

遗产价值是指当代人为将来某种资源保留给子孙后代而自愿支付的费用。江南城市中的河街空间格局历史悠久，具有很高的社会文化价值。诸多名胜古迹都依河而建，与河道水网相辅相成、融为一体。后代人可以通过这些资源传承相关知识来受益。遗产价值反映了代间利他主义[223]动机和遗产动机，其中遗产动机与其他价值的动机不同，体现在其目的是为保护某种资源的存在，遗产价值仅作为一种资源和遗产流传下去，而不涉及将来是否利用。

⑤存在价值

存在价值也被称为内在价值，是指人们为确保某种资源继续存在（包括知识存在）而自愿支付的费用。河道及滨水地带是大量动植物生长、生存的保障[224]，对保护城市生态多样性具有重要的意义；滨河生态空间的建设意味着丧失了该部分土地作为商业、住宅或工业用地的机会价值，似乎与经济发展相悖，然而随着人们对城市人居环境的各种需求不断提高，自觉维护城市环境的意识逐渐增强，城市河道及沿岸的生态和环境价值不断增高。

总之，在城市发展过程中，河道的直接价值被逐渐削弱了，但是河道及滨水空间的间接价值、选择价值、遗产价值、存在价值则逐渐被提升，尤其是在人文、生态、景观方面的作用日益显现（图66）。由河道及滨水空间组成的"河街"空间作为不可多得的城市资源，是江南水网地区城市空间特色的基石。"河街"空间格局复兴过程中所增加的看不见的间接价值远大于减少的看得见的直接价值，对于城市的可持续有机发展具有重要意义。

---

[223]　利他主义（Altruism）或利他行为（Altruistic Behavior）：是指牺牲自身生存和生殖而增加其他个体的生存机会和生殖成功率的行为。

[224]　通过苏州工业园区生物多样性调查研究发现，在近 20 年的开发建设中，苏州园区先后建成 6 个市级重要湿地，自然湿地保护率由 23.7% 上升到 60%，生物种群结构逐步由单一性向多样性发展，城市次生生态系统日趋完善。

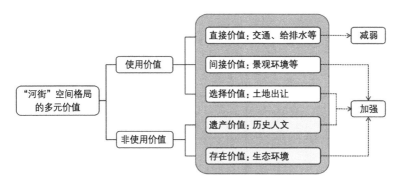

图66:城市"河街"空间的价值构成示意图
资料来源:作者绘制

5.3.3 "河街"格局的退化

（1）传统格局的退化

江南地区的城市在改革开放以后经历了快速发展的阶段，伴随着城市经济的飞速发展[225]，河道传统价值也在逐渐消逝，城市建设中"河街"并行的水陆空间关系一度被忽视和抛弃，城市发展迅速演变为以城市道路为主导的空间拓展方式，河道和街道的有机互动退化为背离的形态（图67）。在现代城市的格局拓展过程中，"河街"系统退化的现象显著，传统水网格局难以被延续。以苏州为例，保留了传统"河街"格局的古城区（面积为14.2km²）相对于市域总体规划范围，其面积占比还不到1%[226]。功能和需求引导下的现代城市空间发展，很难延续传统的城市空间格局，新旧之间的肌理断裂加剧了"河街"格局的退化。

作为典型的江南城市，苏州古城的空间格局及历史风貌得以保留，如严控位于保护区内的平江路历史街区内，保持其河道与街道延续传统"河街"并行的完整空间格局，并对部分消失的"河街"系统进行恢复。然而在城市的其他区域，受现代功能需求主导的城市结构与传统的"河街"格局之间的落差巨大，如坐落于苏州市高新技术开发区中心的狮山—枫桥一带，其城市道路的空间走向呈现出现代城市典型的方格网形态，与区域内

---

[225] 伴随着经济高速增长，苏州城市化进程加快，远远超出古城范围，形成了"东园（新加坡工业园）、西区（苏州高新技术开发区）、南吴（吴江区）、北相（相城区）"的新城区格局。而苏州市严控保护区范围：一城（古城）、二线（山塘、上塘）、三片（虎丘、留园、寒山寺），规划面积为 22.63km²；2011 年 GDP 达到 10 500 亿元，跨入万亿元城市行列。

[226] 数据来自于苏州市自然资源和规划局网站 http://zrzy.jiangsu.gov.cn/sz/。

呈自然形态的河流走向几乎没有联系。大量的河道在由城市道路所划分的地块内穿越而过，与城市道路仅在交叉节点上产生联系。

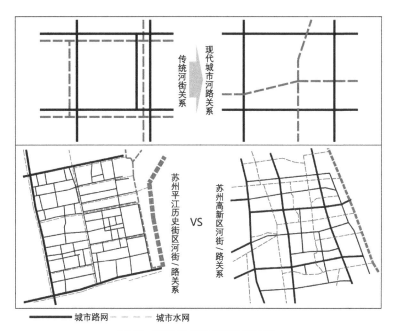

图 67：苏州城市河街 / 路关系的对比
资料来源：作者绘制

（2）现代"河—路"关系划分依据与特点

①根据河道与地块的空间关系划分

河道尺度较大的情况：两岸滨水地块被分割为不同区域，如苏州市的大运河、环城护城河、胥江这种大尺度河道，河岸两侧滨水空间往往相对独立。

河道尺度较小的情况：河道穿越由城市道路分隔的地块，如苏州市园区、新区范围内广泛分布的众多河道都属于这种类型。

②根据滨河地块的使用性质划分（表 35）

滨河地块为公共开放性质的类型包括：A 公共管理与公共服务用地、B 商业服务业设施用地、S 交通设施用地、G 绿地等。

滨河地块为单位私属、非开放性质的类型包括：R 居住用地、M 工业用地、W 物流仓储用地、U 公用设施用地等[227]。

---

[227] 洪杰，周曦. 恢复水网显性的江南水乡城市滨水用地规划调整方法研究 [J]. 规划师，2014（2）：85–90.

表35: 江南城市河道与滨水空间的类型

资料来源: 作者绘制

滨水空间 地块的性质特点		现代城市中的"河—路"关系	
		河道尺度大、分割地块	河道尺度小、穿越地块
公共开放	A 公共管理与公共服务用地		
	B 商业服务业设施用地		
	S 交通设施用地		
	G 绿地等		
私属封闭	R 居住用地		
	M 工业用地		
	W 物流仓储用地		
	U 公用设施用地等		

（3）现代江南城市"河—路"关系的类型（表36）

①路临河：指城市道路紧邻河道，与河道并行。道路与河道紧邻的一侧多为滨水步道或者绿化带；道路背河一侧多为商业办公等建筑物。

其属于传统"一河一街""一河两街"空间关系在现代城市中的延伸。这种类型的"河—路"关系目前多存在于历史延续路段，或商业需求不旺盛的非主要道路。苏州市内该类型道路数量不多，"枫桥路—上塘河"属于较为典型的案例之一。上塘河是苏州传统的"三纵四横"主要河道中的一支，枫桥路从寒山寺起沿河延伸约2.5km，沿路一河分布有众多古桥梁、古建（构）筑物遗存，道路滨水一侧绿化丰盈，树木高大茂盛，景色优美，是苏州城西居民喜爱的一条散步和夜跑路线。

②路近河：指城市道路和河道间留有一定距离，并形成城市带状绿地或者广场等开放空间。

该类型分布在道路和河道等级较高的区位，为了保持路基和河道的互不影响，道路一般退让河道较大距离并作为绿地和广场使用。苏州沿护城河的盘胥路、盘门路、南门路一带可归入该类型中。河路之间分布有十数米到数十米不等的绿化带,慢行系统与护城河相辅相成,强化了"水陆平行、河街相邻"的江南景观特色;同时将盘门景区、城墙遗址、公园等景观节点整合在一起,沿河岸线延伸出来的步行道与机动车道分离,游人可以通过游船进行环城水系游览。此外,沿水系形成的广场、绿地是周边居民休闲游玩的场所,对周边街区的活力激发具有重要意义。

③路夹河:指河道在城市道路中央的空间类型。河道在机动车道和步行道之间,或者在机动车道之间,属于较为特殊的空间关系。

以苏州古城区为例,干将路中的学士街到仓街段属于路夹河的形式,这种形式一般比较少见。干将路是苏州古城区东西向重要的交通干道,而干将河是苏州古城具有深远历史意义的一条河道;但在20世纪干将路的拓宽改造过程中,城市决策者权衡利弊后将干将河保留,并处于干将路两股机动车道之间,减少了道路两侧建筑拆迁对城市的破坏;随后轨道交通一号线又穿越干将河底,现存的干将河成了干将路双向6车道间的一条水泥渠,宽不过10m,虽然保留了河道的形式,但是河道已经去了原有功能,且行人很难靠近。

④路跨河:即在河道上架设道路,道路跨越水面的空间形式。

路跨河类型的常见方式就是桥梁,其是河道与道路相交的节点,也是行人体验河道特色风貌的窗口。桥梁与道路相接,滨水景观沿道路指向城市内部,形成空间渗透。另一种较为特殊的路跨水形式是桥梁跨越大尺度河道或湖面,水路相交的界面相对较长。如苏州独墅湖大道水上桥梁两端距离长达3.43km,吴江区东太湖大桥,其长度也较长。机动车在桥上行驶过程中人能感受到两侧广阔的水域。该类型为城市的提供了难得的景观体验。

⑤河路背离:指河道和城市道路间无对应关系,河道网与道路网相互剥离,呈现背离发展、互不联系的空间形态。

河路背离的空间类型多集中在城市新兴建设区,如在苏州高新技术开发区、工业园区内分布广泛。如高新区大运河支流金山浜、支津河穿越众多企事业单位、居住小区,沿河岸线多为围墙和栅栏,滨水空间不乏被停车场、物料堆场、后勤用地等功能所占据,导致高新区河道绝对数量虽然较多,但是实际体验却陷入"看不见、走不到"的尴尬境地,城市水体的感知程度不高。

表36：苏州地区现代"河路"空间类型

资料来源：作者拍摄绘制

类型	空间形态简图	实例	
		典型案例地段	案例实景照片
路临河	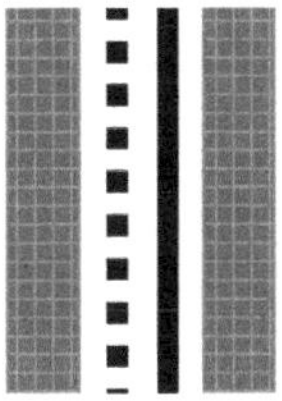	枫桥路—上塘河	

路近河	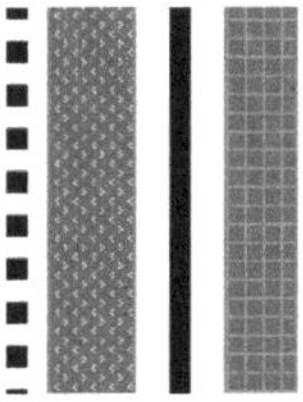	南门路—护城河	
		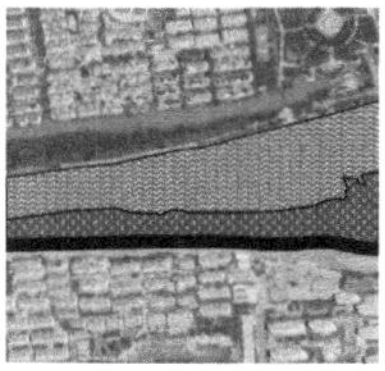	
路夹河	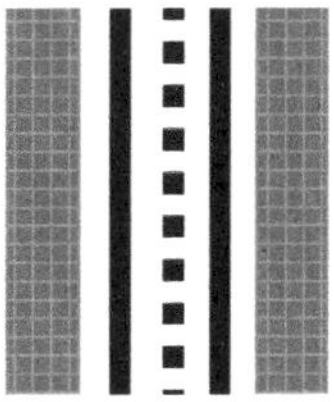	干将路—干将河	

路跨河		独墅湖桥隧道	
		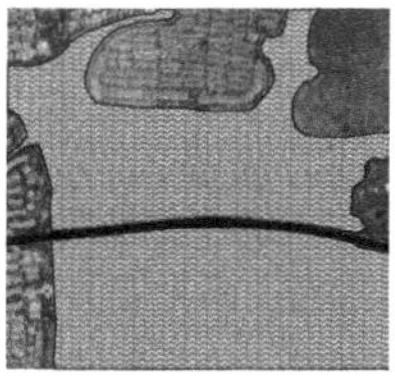	
河路背离	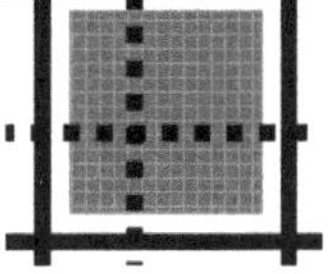	金山浜—塔园路	

		建筑　绿地　河、湖　河　路	

现代城市中"河街"空间格局的退化导致了"河街"背离现象的加剧，表现为大量的河道被包围在规划地块内，各个地块又分属不同的使用单位，导致滨水空间很难统一规划和利用。在各地块的建筑设计中，首先考虑的是面向城市道路的空间形态，却忽视了背向城市道路的滨水空间，使之沦为用地的"边角料"空间。如本研究考察的水系——金山浜，作为苏州市高新区内连通京杭运河的一条重要河道，其从运河东起连续穿越4个街区地块，滨水空间被作为商住楼附属停车场、住宅小区围墙、企事业单位后场。水系两岸被各单位包围，考察范围内约2.1km的北岸滨水空间被不同单位切割成14段，各段之间无法走通，也无法从周边城市道路进入（图68）。此类"看不见、走不到"的类似问题在高新区较为普遍，是造成城市的河道绝对数量虽然很多，但是感知程度和可达性较差的主要原因。

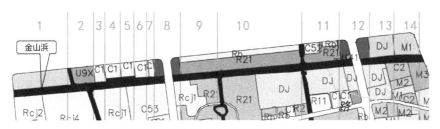

图68：苏州市高新区内金山浜北岸滨河空间现状分析

注：沿河土地主要使用情况：1拆迁代建，2待建市政设施，3公安局交警支队虎丘大队，4狮山派出所，5公安局水上警察支队，6狮山街道，7永新大厦，8绿地，9滨河花苑一期，10滨河花苑二期，11滨河花苑三期，12绿地，13润捷广场，14苏州捷佳电子有限公司

资料来源：根据调研绘制

5.4 街区重构：外部空间切入的小街区营建量化分析

城市有机体中，外部空间既是街区空间品质和活力的保障，也是街区结构划分的媒介，承载着城市的空间—地域"基因"。城市外部空间作为城市空间品质的载体，其性质、数量、形态、分布、尺度等方面的差异会导致城市空间品质的差异，对街区更新重构具有多重意义。从外部空间切入街区营建，在操作层面具有"建设少、拆迁易、物权清晰"的优点，在空间结构层面具有"数量多、分布匀、形态佳"的特点，是城市街区重构的关键要素之一。可通过对现有的及潜在的外部空间的发掘利用，形成对街区空间的重新分割与定义。

5.4.1　外部空间切入街区重构

从外部空间切入街区重构可以呼应传统肌理，降低对既有城市结构的冲击；可利用外部空间与城市街区结构的互动作用机制，系统化地切入街区功能、空间、景观等层面的多维重构；可从内部激活街区的调控机制，保障城市的多样性与活力。在此过程中需要对城市外部空间进行有效的认知与评价，可利用数字化平台构建对比体系，进行科学评价与分析，为小街区重构提供科学参考。

（1）城市建成区存量外部空间分析

在对城市"局部—整体"互动的认知基础上，展开城市建成区存量外部空间类型调查及特性分析，将待考察的外部空间的城市信息纳入城市小街区重构框架中。分析其数量、分布、形态等方面的变化在认知维度、社会维度、功能维度等层面造成的影响，并进行科学评价（如评价街道活力、空间公平、认知频度、可达性等方面），为后续外部空间要素的抽象、量化、代入模型、有效计算、科学评价做准备。在梳理城市发展脉络基础上，总结外部空间在数量、分布、形态等方面的特点，通过实地调研、问卷调查、热力图等方式对街区重构营建中对外部空间的需求进行分析，结合专家打分法确定重点问题，筛选可操作的外部空间要素。

（2）构建完善的街区空间量化对比体系

在数字平台上对前期调研的复杂空间要素进行科学量化分析，发掘显性或隐性的外部空间；分析外部空间要素的增减、联合、调整等在街区形态、中心街道、区域交通等层面的影响；量化展示"空间—社会"在不同维度可能的变化，从而预测小街区重构过程中产生的一系列影响，建立对比图集，为街区重构方案优选提供可视化的图形信息。具体操作中，可利用数字化技术，以街区为基本尺度构建城市抽象模型，载入相关城市信息，标注存量或潜在的外部空间；构建外部空间增减、联合、调整等情况下城市街区前后图形关系对比，以分析其对街区结构造成的影响。

（3）调研评价保证量化模拟的科学性

为了保证量化分析和模拟计算的科学性，需要以实地调研评价作为重要补充，贯穿模型构建、量化计算、模型优化验证的全周期。

首先，辅助发现问题。重视城市中"局部—整体""空间—行为"的互动关系，对存量街区的外部空间特性展开分析，通过实地调研发现样本街区中存在的"空间—社会"问题，关注居民等使用者的需求以及社会综合效益，避免量化分析"形而上"及"为量化而量化"的局限。

其次，辅助量化分析。对量化分析结果进行阶段性评价，引入"社会—空间"价值参数，采用专家评价法对不同因子影响分项打分；通过多因子加权法叠加权重累计进行综合评价；然后评审并判断该类型的外部空间是否适宜成为街区重构的元素，从而得到适宜的外部空间类型及其组合方式清单。

最后，辅助模型优化。针对前述模型计算结果和数字化叠图进一步综合评价，为最终的城市设计方法和规划管理技术方法制定提供参考。该评价体系与反馈机制也是对模型的验证，可反向推导并对模型进行优化。

5.4.2　量化分析与外部空间切入相结合

江南地区历经快速城镇化的粗放式发展，导致不少建成区大尺度的街区斑块交错、水路网特色日趋式微。如在苏州高新区，其核心区内存在不少大型的居住街区，早期的工业厂房等被生活街区包围，大尺度的街区斑块造成水路网关系错位、肌理断裂，亟须立足地域修复水路网体系，"织补"城市肌理，提升城市的空间品质。从城市的"局部—整体"互动特点出发，构建量化分析模型，探索从外部空间切入街区重构的可能，并基于使用者的"空间—行为"特点，模拟具有可行性操作的空间优化图景，对我国街区重构具有针对性的优势。

（1）地域挖潜，水城共构

关注江南城市生长中"水—城"互动并共同演化发展的关系，可以结合具有地域特色的水路网格局，在遵循城市空间格局的基础上模拟探索城市有机重构的可能。聚焦于苏州高新区典型的区域选取研究样本，参考古城区"小尺度、密路网"的"水陆双棋盘"街区格局[228]，探索外部空间与水路网有机耦合以推进街区格局优化和尺度重构的可能。

针对江南城市建成区水网密布、河路交叠、水陆相生的空间格局，发掘适宜街区重构的显性或隐性的外部空间切入点（控制点），采取普适性与针对性相结合的原则进行要素筛选。外部空间对象的筛选不仅包含单一空间类型，还应包括若干空间类型的组合，同时对某些区块中具有特异性的空间类型也要关注。初步筛选的待考察对象有：A 街区内公共场地；B 常见于江南地区的水网及滨水空间；C 街区内各单位之间的间隙空间；D 大型街区内部道路；E 部分廊道空间；F 其他空间类型。

---

[228] 苏州古城区以"三横四纵一环"的水网体系引导街巷生长，并在宋代形成水陆交织的 54 个街坊，至今依然具有较高活力，可以作为高新区小街区重构的样本参照。

（2）系统互动，由点及面

将城市街区的营建纳入到城市整体的"空间—社会"系统之中，关注城市街区中多层级城市要素交织互动的关系，利用数字化平台分层剖析复杂的城市问题，探索外部空间局部与街区整体的互动关系。重视建成区的外部空间要素变化对城市的"局部—整体"作用，可借鉴结构主义[229]的外部空间评估设计体系，利用空间句法数字模型[230]，探索街区重构中局部与整体的空间关系，发掘有力的切入点。如水路网、广场、绿地等切入点的数量、形态、组织模式的变化，均可能导致街区"牵一发而动全身"的"空间—社会"关系发生改变。

（3）模拟预判，科学引导

数字化技术的发展，为分层剖析复杂的城市问题、探索外部空间局部与街区整体互动的关系、模拟预判街区重构最优解提供了可能。构建"外部空间嵌入—街区重构"的互动模型，对外部空间要素嵌入后的街区结构形态与空间效率进行模拟预判，利用数字化叠图方法建立"评估—设计"的联动研究，提升城市街区重构研究的科学性与可度量性，对城市街区的有机发展进行科学引导。

5.4.3 开放性营建："河街"空间格局复兴引导

随着城镇化的深入，滨水空间由于其特殊的人文、生态、景观价值而重新成了城市更新中的重点。开放与整合成为滨水空间更新的重要思路，而"河街"空间格局长久以来的旺盛活力再次受到关注，可加以借鉴并引导街区的开放性营建。在此过程中，关键在于恢复被割裂的河道与街道的联系，以"河街"空间格局复兴为导向，构建水陆并行、关联互动的城市开放空间体系，改善人们进入滨水空间的方式，提高滨水空间的吸引力与可达性[231]。

（1）系统切入：街区整合切入"河街"空间格局复兴

我国城市经历了快速的城镇化过程，不少建成区为大量封闭街区、大

---

[229] 结构主义重视研究客观存在的内在逻辑，强调整体性、系统性，而非孤立的事物本身，对城市空间关系研究具有重要影响。

[230] 该模型主要有凸空间、视线分析及轴线模型三个应用方向。其中轴线模型对城市空间结构研究最具有应用价值，采用米制实际距离则有助于发现城市空间的聚集效应。

[231] 如通过增设步行道、城市支路、城市广场、城市绿地几种方式来连接目前被割裂的河道与道路，具体需要根据河道与滨河空间的类型来采用不同的城市设计方法。

尺度街区所占据,江南水网型城市虽然拥有大量的滨水街区(数量约占市域范围内街区总数量的一半),但在滨水区域中掺杂着大量的滨水居住区、滨水工业区等封闭性街区;滨水廊道附近保留着大量的封闭街区,滨水步道、支路旁围墙绵延,滨水空间向其周边街区的渗透影响被削弱[232]。因此,滨水空间更新与复兴需要从更大范围、更高层次来综合考虑、系统切入。将开放街区与"河街"空间格局复兴相结合[233],有利于解决制约滨水空间活力的"可达性差、破碎化、更新受限"等问题。

首先,可结合城市街区现状引入开放街区理念,采用系统性、多维度开发提高滨水空间可达性,引导城市整治。以街区制、开放街区为契机,通过实现街区不同程度的开放,带动居住区滨水带、工业区滨水带的可达性和开放性营建。其次,引入开放模式构建滨水街区,增强滨水空间的连续性。可通过各街区单位的拆围开放,利用连续的开放街区连通各单元的滨水段,形成相对连续、完整的滨水空间系统。最后,利用开放性构建,扩大滨水空间向城市纵深的辐射效应。当城市中有高比例的街区转化为开放模式时,其滨水空间与周边区域的互动将不再局限于横向和纵向的滨水廊道,开放街区之间可通过建构新的廊道,推进开放空间系统由枝状辐射转向网状渗透。

(2)开放原则:滨水街区活力更新的开放性

开放街区对于城市活力的构建具有重要意义,但是滨水街区的开放程度需要在城市局部与整体间取得平衡,需要立足街区既有条件并遵循以下原则:

第一,适度性:街区活力营建对开放性的要求较高,但需要结合实际,从增加滨水街区中开界面所占的比例和增强街区中滨水地带的开放性两方面着手。针对拟拆除新建型街区,可在规划要点中结合滨水开发提出开放性要求;针对现有封闭街区但根据评估适宜开放的类型,可进行开放性更新改造;某些仍需保留封闭状态的街区,可引入微更新理念进行局部改造,以增强其滨水部分的开放性。

第二,区别性:城市更新过程中需要综合考虑城市肌理和城市未来的

---

[232] 2012 年苏州市规划部门组织了几条重要水域(京杭运河、胥江、环古城河等)的综合整治规划,在周围街区多为封闭的环境下,更新规划被局限在狭小的区域内,多沦为滨水景观规划,缺乏区域联动效应。近年,中央城市工作会议提出,街区建设要给城市滨水空间更新提供政策契机,其倡导的封闭街区拆围、内部道路公共化、采用小街区制提高路网密度等措施,可以有效提升滨水空间及周边街区的开放程度。
[233] 现代城市发展对整体性、系统性的要求,使得滨水街区的开放程度、开放方式成为新时期滨水空间更新的前提条件。

发展方向，尊重国情条件，按街区性质有区别、有步骤地开放。针对适宜开放却采用封闭管理模式的街区，如公园绿地等，需要推进其开放进程；针对需要保留封闭方式的街区单元，如医院、学校等，需保留封闭状态；针对不适合完全开放的街区，可采用部分开放的方式，如居住区中的公共部分可进行适当开放。

第三，针对性：在推进滨水街区开放的过程中，更新改造的策略需要兼顾地域历史沿革的影响，减少对现状的影响和对居民生活的冲击，提高更新改造的针对性与精准性，降低改造阻力。更新中需要多方平衡，科学确定开放和封闭的程度与范围，采用中、微观的操作策略，精准地操作。如针对不符合开放要求的滨水工业区，其改造可另辟蹊径，循序渐进地对滨水带采取微观更新措施，而不是将滨水工业区粗暴地整体移除。

（3）科学评价：滨水空间开放性评价助推"河街"空间格局复兴

利用电子地图可以图形化展示城市空间的开放程度，可以结合科学评价，对街区的开放性构建结果进行模拟推演，从而对各街区的开放程度进行调整。

本节将以苏州高新区主城区为研究对象，参考我国城市规划体系现行的用地分类标准《城市用地分类与规划建设用地标准》（GB50137–2011）[234]，根据其功能性质、服务对象、管理要求、私密性与安全性等要求构建评价体系。根据上述原则进行综合打分以确定开放程度（完全开放、适宜/适度开放、不宜开放、待定，见表37），对滨水用地的土地利用性质以及街区空间关系进行打分评价，并载入电子地图中进行标注。对比苏州高新区主城区的统计数据，现状中沿水系的公共开放空间所占比例约为15%，若遵照上述原则采用开放性操作策略，则滨水空间中完全开放的街区段占比将达到40%以上；封闭街区段将低于20%[235]，滨水空间破碎、

---

[234] 现行城市用地分类的国家标准为《城市用地分类与规划建设用地标准》（GB50137–2011）。用地分类包括城乡用地分类、城市建设用地分类两部分，按土地使用的主要性质进行划分。用地分类采用大类、中类和小类三级分类体系。大类采用英文字母表示，中类和小类采用英文字母和阿拉伯数字组合表示。城市建设用地共分为 8 大类、35 中类、42 小类。

[235] 苏州市高新区中心城区规划单元面积达 1901hm²，其中滨水段总长 42.7km，现状滨水空间为外部不可进入的封闭单元的占比高达 79.4%；开放单元仅占 15.3%。在规划中如果采用开放街区的操作策略，则滨水空间中完全开放街区段占比将达到41.7%；适度开放街区段达 39.3%；封闭街区段降低为 19.0%（周曦，张芳.开放街区背景下城市滨水空间更新策略研究：以苏州市为例[J].现代城市研究，2017（11）：38–44。）

断裂现状将会得到较大改善（图 69-70 ）。

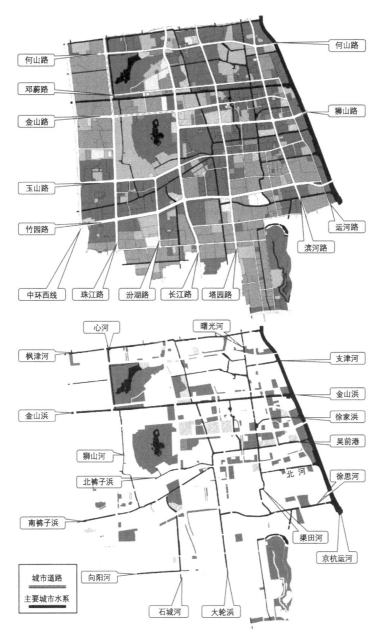

图 69：高新区主城区城市肌理与水系、绿地、公共空间等用地情况

资料来源：根据百度地图绘制

表 37：基于《城市用地分类与规划建设用地标准》的地块分类研判

资料来源：作者绘制

城市用地分类		开放性评价	
大类	中类	开放关系	备注
R 居住用地	–	适度开放	涉及私密性及产权归属
A 公共管理与公共服务用地	A1 行政办公用地	适度开放	具有公共开放性质但也存在安防要求
	A2 文化设施用地	完全开放	属公共开放性质
	A3 教育科研用地	不宜开放	幼儿园、中小学用地开放有安全防卫隐患
		适度开放	其他教育科研设计用地具有公共开放性质但亦存在安防要求
	A4 体育用地	完全开放	属公共开放性质
	A5 医疗卫生用地	不宜开放	开放有安全卫生隐患
	A6 社会福利设施用地	不宜开放	开放有安全防卫隐患
	A7 文物古迹用地	适度开放	具有公共开放性质但也存在保护要求
	A8 外事用地	不宜开放	开放有安全防卫隐患
	A9 宗教设施用地	适度开放	具有公共开放性质但也存在私密性及保护要求
B 商业服务业设施用地	–	完全开放	属公共开放性质
M 工业用地	–	不宜开放	开放有安全生产隐患
W 物流仓储用地	–	不宜开放	开放有安全生产隐患
S 交通设施用地	S1 城市道路用地	完全开放	属公共开放性质
	S2 轨道交通线路用地	不宜开放	开放有安全生产隐患
	S3 综合交通枢纽用地	完全开放	属公共开放性质
	S4 交通场站用地	不宜开放	如果开放，有安全生产隐患
	S9 其他交通设施用地	待定	视具体项目而定
U 公用设施用地	U1 供应设施用地	不宜开放	开放有安全生产隐患
	U2 环境设施用地	不宜开放	
	U3 安全设施用地	不宜开放	
	U9 其他公用设施用地	不宜开放	
G 绿地	–	完全开放	公共开放资源

图70：高新区主城区滨水空间现状开放程度与开放潜力

资料来源：根据评价结果绘制

（4）"河街"格局复兴导向的滨水活力营造

在江南城市近现代建设过程中，"河街"格局的价值一度被忽视，河街背离导致了城市风貌丧失、意象模糊、滨水活力丧失等负面影响。可以"河街"格局复兴为导向,针对各个空间类型采用不同的城市设计方法与"针灸式"的微更新操作,提高城市建成区空间优化的可行性。

①城市设计层面,慢行系统、滨水景观、公共活动空间相互结合以构建新型的"河街"系统

城市中除了有大量中小尺度的河道外,还分布着一些大尺度的河道,其"河街"格局构建与滨水空间营建涉及不同行政区域的规划建设(如苏州市环古城河、京杭运河、胥江等尺度较大的水系),可分别以点状切入,形成若干开放空间节点,构建慢行景观体系形成节点关联,在提高滨水区的参与性、可达性的同时,形成规模效应。此外,可以利用大尺度河道的滨河空间较开阔、建筑退让距离较大的特点,构建公共开放空间与城市道路系统相连,将周边城市街区、公共开放空间、滨水慢行系统有效连接,使新建的滨河街道与滨河绿地、河道并行,形成生态、景观、人文活动一体化的空间格局。

如京杭运河苏州段(姑苏区段)堤防加固工程[236],除了强化水系的防洪、运输作用外,还实现了 29.949hm² 景观绿地建设,构建总长 16.462km 的慢行步道,沿运河形成一系列供市民休闲、健身、游憩的城市节点。如毗邻京杭河的苏州市运河体育公园[237](图 71-73),在改造中突出健身、休闲两大功能,设轮滑场、足球场、门球场、篮球场、健身路径、公路轮滑赛道,还沿河设健身步道。苏州《苏州高新区横塘—枫桥段大运河沿线城市设计》[238] 更是引入文化休闲水岸的理念,沿水系营造文化空间,并结合周边用地的功能性质,引导滨水空间的复合利用,打造水岸活力亮点,重塑"运河生活方式",形成鹿山滨河公园、枫桥公园、何山桥公园、水厂公园、横塘漕运公园、胥江公园六大公园,为城市公共活动提供载体的同时,以运河通航时期的船只、城市工业遗存、现代化景观等活态地展示城市大运河的历史,成为高新区现代城市景观中充满活力的滨水地带(图 74-75)。

---

[236] 京杭运河苏州段(姑苏区段)堤防加固工程,加固堤防长度为 17.09km,其中筑堤长度为 11.023km,新(拆)建直立挡墙长度为 2.311km,增设挡浪板长度为 6.32km,老挡墙加固长度为 0.68km。

[237] 1987 年 6 月开工兴建,1993 年 6 月开放。2017 年 6 月 30 日闭园改造,2019 年改造完工开放。

[238] 设计范围南北长约 8.4km,总面积约为 4km²,岸线长度为 15km,以居住、工业、商业办公功能为主要城市功能。

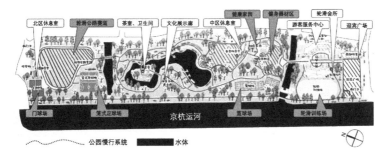

图 71: 苏州运河体育公园（底图来自公园分区图）

资料来源：根据公园导览分区图整理绘制

作者拍摄整理绘制

图 72: 苏州运河体育公园轮滑训练场

资料来源：作者拍摄

图 73: 苏州运河体育公园滨水空间意象（背景建筑为公园外公共建筑）

资料来源：作者拍摄

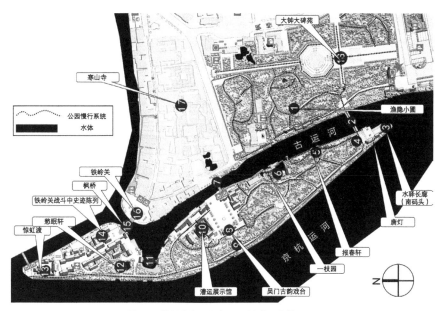

图 74：苏州高新区枫桥景区的"河街"系统

资料来源：根据景区导览图整理绘制

图 75：苏州高新区京杭运河与周边功能

资料来源：作者拍摄整理绘制

②发挥公共性质用地开放性的特点，增设通路恢复"河街"格局，提高滨水活力

对于城市滨水空间周边具有公共开放性质的地块，如城市公共管理与公共服务用地、商业服务业设施用地、交通设施用地、绿地等，可利用其公共开放性进行拓展设计。可考虑构建与河道平行的慢行交通，并与周边城市道路相连，构建类似"一河一街"或者"一河两街"的空间格局，以

水为核心形成公共开放空间系统，将地块内公共活动的主要部分置于滨河空间中。其中采用"一河两街"或"两街夹一河"的空间模式时，需要加设跨河步行桥以强化两岸的步行连接，保障滨水慢行体系的连续性。

如苏州市工业园区圆融时代广场[239]是集购物、休闲、娱乐、旅游等于一体的巨型商业综合体。以滨水空间为核心串联了五大功能区，形成"建筑—开放空间—水体"的互动，圆融时代广场总占地面积210000m^2，被东西向城市河道分为南北两岸，在其外部空间设计中，各具特色的五座景观步行桥形成复合的滨水步行景观体系，关联广场等休闲节点并与东西侧外围城市道路相连；河的北岸通过一条500m长、32m宽的巨型LED天幕关联众多小体量商业建筑。现代商业建筑、滨水慢行景观、休闲场地等共同形成了现代版的"小桥流水人家"景象（图76）。

图76：圆融时代广场滨水空间及河街系统
资料来源：作者拍摄

③微更新提高私属封闭性质地块内滨水空间的活力

针对城市中私属封闭性质用地，且短时间内不具备开放条件/不适宜开放的街区，如住宅、仓库、工厂等，可以街区为基本单位，对内通过微

---

[239] 圆融时代广场位于苏州工业园区金鸡湖东岸，是集购物、餐饮、休闲、娱乐、商务、文化、旅游等诸多功能于一体的大规模、综合性、现代化、高品质的"商业综合体"及一站式消费的复合性商业地产项目，建筑面积为510000m^2。

更新提高滨水空间的可达性，如沿水系构建慢行体系，将内部公共空间（如广场、花园等）结合滨水空间进行组织，保障街区内部的滨水可达性；对外增加联系，针对阻隔城市水系连续性的围墙等设施，可以在保障用地管理安全的条件下进行拆除，或以保障视线连续性的材质进行分隔等。

如苏州市高新区与金山浜河毗邻的滨河花苑由于设置了高而密的围栏墙，将滨水空间作为小区停车场，小区内部空间与水系仅保留部分视线联系，滨水空间的景观优势被抹杀；而其附近的恒大清水园则在滨水空间附近布置花园，沿流经其内部的支津河设置滨河步道，以透空玻璃栏板进行防护，在保障安全管理的同时塑造相对宜人的滨水空间（图77）。

图77：苏州高新区滨河花苑（左）与恒大清水园（右）的滨水空间处理
资料来源：作者拍摄

5.4.4　小尺度营建：由外部空间嵌入的街区尺度重构分析

数字量化分析技术，可基于对街区中外部空间与结构尺度互动的分析，建立外部空间和街区的"嵌入—重构"模型，以图示化的方式模拟展示街区中外部空间要素变化（增减、联合、调整等情况）导致的街区整体结构的变化情况（图78）。

（1）构建科学对比体系，确定量化分析的技术路线

首先，利用数字地图，构建以街区为基本尺度的抽象模型，考察局部的外部空间及其构成要素相对于宏观的街区在功能升级、空间优化、秩序重构、活力激发等方面的影响。

其次，对城市建成区中既有的和可开发的外部空间进行科学分类，从数量、形态、分布等方面展开调查，量化详细城市信息并进行标注；对复杂的外部空间及其构成要素进行提取、抽象、量化，转化为适宜模型化计算的变量，通过多变量分析等评价方法，筛选存量或潜在的外部空间嵌入

点作为控制点[240]，标注其平面布局形式等基础信息[241]。

再次，采用空间句法等软件对可能的优化方向进行模拟，并与现状进行比对，考察控制点在增减、尺度、连接关系等方面的变化，以及其对街区形态、中心街道、区域交通等方面的影响。考虑到城市活动的不同类型与层级，如社区服务、购物、上学、工作等，须分组遴选参数并进行综合考察。

最后，采用数字化叠图的方式展示代表性的外部空间要素（开放空间、水网、单位边界、路网）嵌入后街区在整合度、选择度、全局线段长度等方面的"嵌入一重构"对比体系，为街区营建提供参考。

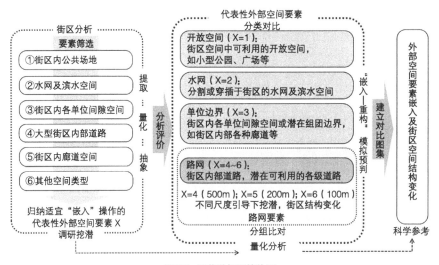

图78: 量化分析评价体系

资料来源: 作者绘制

（2）选取典型样本，分析挖潜并提取控制点

研究以苏州为样本城市，选取高新区具有代表性的街区展开探索（图79）。

[240] 利用数字地图与实地调研相结合的方式，从数量、分布、形态等方面，对城市街区中显性存在或隐秘可改造开发的外部空间进行初步筛选。

[241] 以此为指导对城市建成区中既有的、可开发的外部空间进行科学分类，从数量、形态、分布等方面展开调查；对外部空间及其构成要素进行提取、抽象、量化，转化为适宜模型化计算的变量要素。由于城市问题的复杂性，外部空间在城市设计中具有典型的主观性、模糊性、随机性的特点，需要结合对外部空间的科学认知和评价来展开，参见2.3。

对比古城区水陆"双棋盘"的格局[242]，苏州高新区在经历了快速城镇化后，其城市街区用地复杂、多样，除了具备开放性的商业用地外，还拥有大量的封闭住宅区（其中不乏城市快速扩张时大量建设的拆迁安置小区，规模庞大且区位良好），封闭性的工厂、学校、行政单位等，各种功能相互交错，呈现"拼贴"的肌理；高新区核心区具备典型的河网交错的地域特征，拥有相当比例的绿地、滨水空间等，外部空间功能丰富，可为研究外部空间嵌入提供丰富的要素（图80-81）。代入模型前，利用空间句法计算高新区整体空间，可发现高新区的路网分布不均，空间结构的中心形态受限。根据结构主义对城市街区尺度及路网的理解，这与路网中支路的系统性欠缺和局部街区尺度过大密切相关。针对街区空间分布不均、尺度过大、河路分离等的情况，发掘可操作的外部空间嵌入点（控制点），通过计算模拟各控制点对街区系统结构的影响，考察外部空间嵌入可能导致的结果，为街区的尺度重构提供动态、可视化的参考。

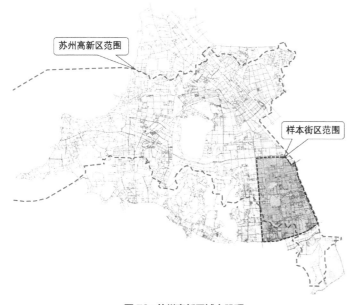

图 79：苏州高新区城市肌理
资料来源：根据百度地图绘制

[242] 在江南地域"水陆双行"的空间结构影响下，苏州古城区的空间句法计算中对整合度、选择度、线段深度等的计算结果比城市新区更为均衡，一定程度上展现了街区结构的内在活力，可为城市新区的街区结构优化提供地域样本。

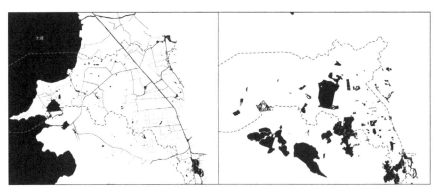

图80：苏州高新区城市水网和绿地系统
资料来源：根据百度地图绘制

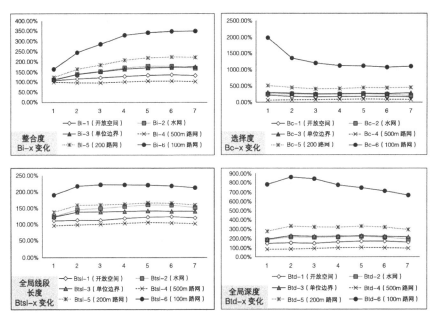

图81：代表性计算结果比对示意图
资料来源：根据计算结果整理绘制

　　综合考虑苏州高新区在街区结构、空间肌理以及可操作的外部空间资源等方面的情况，确定研究样本的范围：北部以太湖大道高架、南部以胥江、西部以中环西线、东部以京杭运河为边界（图82）。在街区分析的基础上对外部空间进行调研挖潜和多变量分析评价，归纳出适宜"嵌入"操作的代表性外部空间要素x，根据空间要素评价确定四类共6个主要代表性影响变量——开放空间（x=1）、水网（x=2）、单位边界（x=3）、路网（x=4 ～ 6）进行模型计算；采用空间句法等对外部空间要素 x 嵌入前后的情况进行比对。考察局部的外部空间及其构成要素对相对宏观的街区在功能升级、空间优化、秩序重构、活力激发等方面的影响，科学分析不同类型的外部空间在城市街区重构中的作用机制，以指导城市街区的小尺度营建。

（3）综合评价，分类分组比对

①分类分组比对

将筛选出的代表性外部空间要素分为四种类型（开放空间、水网、单位边界、路网）进行考察。利用空间句法模型[243]展示街区内部的"空间—社会"逻辑与规律，揭示空间结构关系和活力分布特征。根据街区中不同层级、不同类型活动的差异，对各计算项目下设的半径 r 分别选取 400m、800m、1200m、2500m、3750m、5000m、10000m 进行计算。

考虑在街区重构中，路网尺度与土地利用程度、结构效率密切相关，且对居民生活圈层的构建也有直接影响，因此，对于路网要素，需进一步选取代表性尺度进行分组比对，补充单一尺度路网分析的不足。其中，根据调研数据中高新区路网尺度的平均数值，取 500m（x=4）作为现状参照；根据小街区常见路网尺度，取 200m（x=5）与 100m（x=6）作为小街区重构目标路网尺度[244]，可考察在该尺度构架下利用潜在的外部空间嵌入后，街区空间结构关系与结构效率的变化情况。模型中代表性计算项目概况详见表 38，各型参数下的计算对比如图 81 所示。

②比对考察内容

考察以代表性外部空间作为变量嵌入后，街区空间结构及环境品质的变化情况，以空间句法的计算模型图形化展示不同性质、不同形态的外部要素及其组合对街区空间结构及社会行为造成的影响，建立外部空间嵌入操作前后的街区环境及结构对比图集。主要考察内容可分为以下三方面：

空间形态：外部空间嵌入后，街区形态是否呈现小街区化，路网密度有无大幅提高，路网分布是否平衡。

空间分布：外部空间嵌入后，城区现有中心区的区位是否飘移、范围有无扩大、新增扩的方向性是否符合城市发展。

---

[243] 空间句法模型采取"拓扑结构＋数学关系"的逻辑，以组构技术来表征空间关系，可在一定程度上反映街区中"空间—行为"的互动，如人对路网的选择程度，可能因集聚而形成结构核心等。

[244] 参见本书 1.2.1。

交通流线：外部空间嵌入后，交通的骨干线有无改变，新增街道空间承担交通流量如何，城区整体交通便利性变化。

③计算比对结果

空间句法中的"空间"，描述了以拓扑关系为衡量的空间关系，关注要素间的通达性和关联性。可以反映城市空间中的使用者在不同层级的社会活动中的实际运动情况，以及在此过程中形成的空间核心、选择频度等，一定程度上反映了城市街区的结构效率。在本研究中，空间句法模型计算模拟了外部空间要素在现状基础上，通过联系（与路网联通）、拓展（现有形态基础上扩展并与路网联通耦合）、激活（通过形态、功能改造，参与街区活动）等方式"嵌入"街区并与路网形成关联后对其产生的影响。

表38："嵌入—重构"模型中代表性计算项目概况

资料来源：根据计算结果绘制

计算项目	计算项变化情况 B-x	计算意义
整合度	Bi-6 >> Bi-5 > Bi-2 ≥ Bi-3 > Bi-1 > Bi-4	反映了空间系统要素的集聚、离散程度，整合度越高的区域，其可达性与中心程度越高，一定程度上可反映出该街区空间结构中核心范围的分布
选择度	Bc-6 >> Bc-5 > Bc-3 ≥ Bc-2 > Bc-1 > Bc-4	反映了节点间作为最短路径叠加最少转折选择的出现频率，反映了空间的穿行吸引力
全局线段长度	Btsl-6 >> Btsl-5 > Btsl-2 > Btsl-3 > Btsl-1 > Btsl-4	表示不同半径范围内街道轴线的长度，与路网密度成正比，并赋予要素以中心性特征
全局深度	Btd-6 >> Btd-5 > Btd-3 ≥ Btd-2 > Btd-1 > Btd-4	街道线段到任意其他街道步骤数量的累计，其关联数反映了街道可能存在的人流量，可展现街道系统中心性特征
……	……	……

（4）尺度营建：基于量化分析的小街区营建引导

①发掘地域性外部空间要素，推进地域性格局复兴

从总体计算结果来看，筛选要素对街区的结构性营建具有不同程度的影响（图81）。各型外部空间要素嵌入后，街区的整合度、选择度、全局线段长度、全局深度均有不同程度的提高，其中以小尺度路网嵌入后所导致的变化最为显著[245]，且在 200 ～ 100m 区间时选择度有较大跨度变化，水网和单位边界要素嵌入后产生的变化次之。模拟计算展示了小尺度路网对选

[245]　路网尺度越小，其变化越显著，100m 路网尺度（x=6）框架下外部空间嵌入的影响远大于其他各型外部空间要素作用的结果。

择度改善起到主导性作用，水网和单位边界要素嵌入后空间结构调整也表现显著，说明在样本街区中以小尺度路网优化推进街区尺度重构具一定可行性，其中水网和单位边界要素对小街区重构的支撑作用较大（图82–83）。

对比开放空间、水网、单位边界要素分别嵌入街区并与路网形成关联后的计算结果，可以观察到水网要素嵌入后，其整合度、选择度和全局线段长度的高亮区均有均衡提高（图82）。整合度对水网要素嵌入最为敏感，高亮区呈"井"字形均衡扩大；选择度对水网要素与单位边界要素更为敏感；全局线段长度对水网要素和单位边界要素均敏感，单位边界嵌入后其高亮区扩大较为均衡。说明外部空间要素中水网要素丰富，可结合"河街"格局复兴推进街区结构性营建。针对高新区城市建成区存在的街区尺度失控、失衡、落后等问题，可发掘水网等地域性外部空间要素对街区结构的二次划分作用，避免大规模拆建对城市建成环境造成伤害。根据计算模拟，此类外部空间在小尺度构架引导下嵌入后有助于形成"河街"并行的慢行系统，可在呼应古城区城市肌理的同时提高街区活力[246]。

②模拟预判发掘外部空间潜力，推进精细化营建

基于科学分析的模拟预判，为"量体裁衣"式的精细化街区重构提供了可行路径。一方面，科学的量化分析强调因果逻辑关系，综合考量街区内复杂要素的多层级互动关系，可在保证与城市发展方向一致的基础上，获得针对性的优化方案；另一方面，利用数字化平台对街区尺度重构的模拟预判，直观、动态地展示"局部—整体"的小街区重构可行路径，可为街区重构的有序展开、动态调整提供科学依据。

以分组比对为例，路网尺度是街区尺度划分的重要参照，空间句法模型的计算对路网尺度较为敏感，参考苏州高新区常见的尺度（以500m左右为主[247]）以及常见的小街区路网尺度（以200m、100m为主），比对不同路网尺度构架下，利用既有的道路条件进行连通[248]、增设[249]后对街区空间结构的度量结果（图83）。分组比对结果展示了路网尺度越小，整合度、选择度及全局线段长度等计算值的变化越大。其中，100m路网尺度框架下

---

[246] 选择度与整合度的均衡提升反映了区域核心区的均衡性与使用者活动的改善。

[247] 苏州高新区核心区主要街区的尺度多为400～600m，500m路网尺度的计算结果可以作为现状的理想参照，方便进行比对。

[248] 指在特定的道路框架下（如500m、200m、100m路网尺度下），将尽端式道路或游离的无名小路进行连通、延伸，并纳入城市道路体系。

[249] 指在特定的道路框架下（如500m、200m、100m路网尺度下），根据街区外部空间条件增设通路等方式。

外部空间嵌入后所产生的变化最大；200m 路网尺度框架下外部空间嵌入后所产生的变化程度相对平稳。这一方面说明样本区域内拥有足量的外部空间要素可支撑小尺度街区的构建；另一方面说明 100m 路网尺度所产生的作用虽最显著，但与其他要素相比，存在较大落差（可支撑此结构尺度的外部空间要素在数量、类型、分布等方面存在局限），而 200m 路网尺度与其他外部空间要素可更好地互动协同。

综合考虑量化分析结果与现状水路网特点，以 200m 路网、水网、单位边界要素组合嵌入的小街区重构，具有一定的操作性；可根据城市更新的时序，参考量化分析（如图 84 苏州高新区空间句法计算结果等）与外部空间要素分布特点，进行局部动态调整，激发街区活力，"小尺度、渐进式"地推进街区营建。

③以人为本，规划引导与公众参与相结合

以人为本的活力营建，需要尊重城市发展的客观规律，立足城市的地域人文特点进行推进。可结合科学的量化分析结果，综合平衡投资与成效，考虑社会人文影响，注重规划引导与公众参与的协同，以及外部助力与内部激活的结合。

一方面，在宏观城市空间结构层面进行规划引导，保证街区重构与城市发展方向一致。根据街区既有的空间肌理、功能业态特点等，采取适宜的更新改造策略，并在资金和管理上加以扶持和倾斜。针对不同性质的街区实施有区别的策略，分别归纳出可行的引导方式。针对拟拆除新建的街区，需要严控规划要点以引导街区格局营建，可结合水路网特点预设小街区规划编制，为系统建构、优化升级提供保障；针对还在使用周期内的保留街区，需要预设规划编制，发掘其潜在的外部空间优势，对其周边土地的更新要充分考虑街区重构与活力营建对外部空间的需求，后续可衔接各街区内部的外部空间要素；针对少量尺度过大、封闭管理存在诸多问题的超大型街区，宜结合管理运营制定策略，引导多组团的小街区构建。

另一方面，关注街区重构的外在机遇与公众参与，可将外部助力与内部激活相结合。可借力各种城市触媒（如城市实践等）推进重构营建进程，并引入公众参与[250]和多元主体协作，以规划引导与公众参与推进多方协同，促进"空间形态—功能效率—社会效能"的系统提高。

---

[250] 哈贝马斯（J.Habermars）指出公众参与是实现社会公共性与民主性的主要途径。通过公众参与和多元主体协作，可对街区经济发展、社会文化和物质环境进行综合系统规划，保障居民公共利益，对"城市—街区"的有机运作具有重要意义。

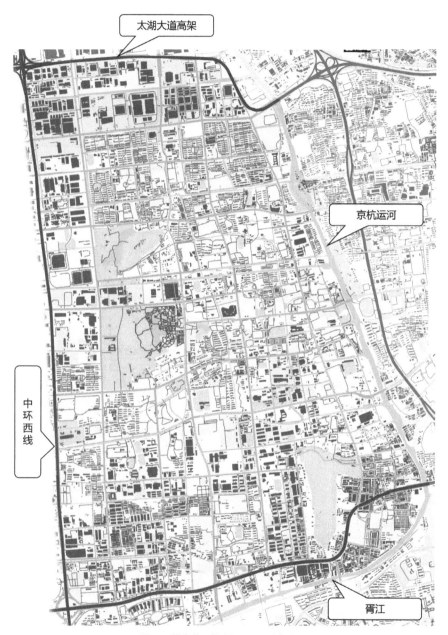

图 82: 样本范围的空间肌理及功能布局

资料来源: 根据百度地图绘制

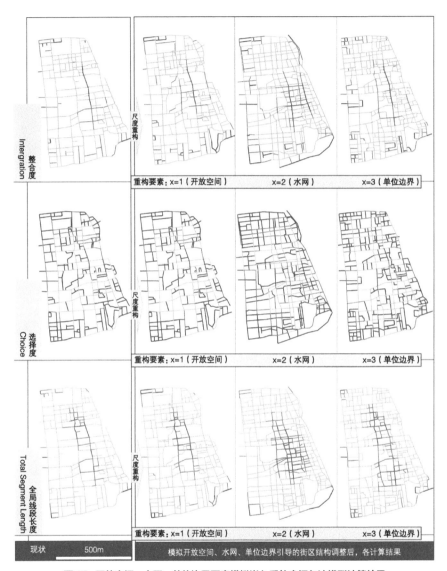

图83: 开放空间、水网、单位边界要素模拟嵌入后的空间句法模型计算结果

[上:整合度(现状/模拟调整);中:选择度(现状/模拟调整);下:全局线段长度(现状/模拟调整)]

资料来源: 根据空间句法计算整理绘制

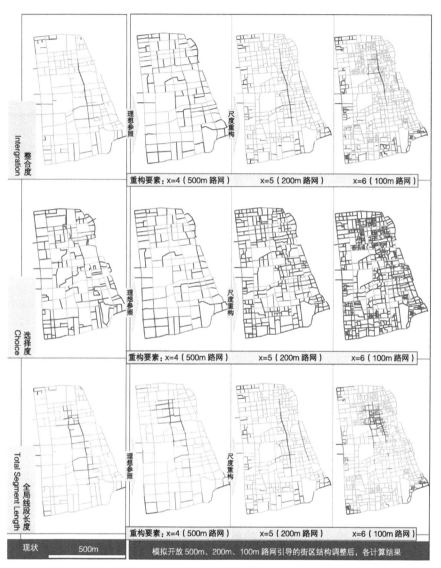

图84：500m、200m、100m 路网引导下模拟嵌入后的空间句法模型计算结果

[上：整合度（现状／理想参照／模拟调整）；中：选择度（现状／理想参照／模拟调整）；下：全局线段

长度（现状／理想参照／模拟调整）]

资料来源：根据空间句法计算整理绘制

选择度（Choice）

全局整合度（Intergration）

全局深度（Total depth）
R=3000

线段长度（Total segment length）
R=3000

图 85：苏州高新区空间句法模型计算结果（现状）
资料来源：根据空间句法计算整理

5.5 小结

城市格局的整合与街区重构，需要从城市的系统性、整体性出发，多层面、多维度地分析城市要素共构、互动的特点与作用机制。在此基础上，立足地域发掘城市格局营建的可操作要素，特别要重视水体要素在城市系统中的特殊作用，关注其对城市肌理生长与城市整合的重要意义。结合文脉传承推进结构性营造，整合并强化既有轴线或网络，串联城市中相关且有意义的中心以形成多维层级网络，引导城市有机整合。

在具体操作中，可充分利用数字化平台的优势，以科学的量化分析引导精准化的营建，探索现代城市"河街"格局复兴与街区小尺度重构的可能。

（1）立足地域

江南城市水网密集，"水陆双行"构成了其街区空间的基本特征，水网与路网有机共构，经历了长期使用、修缮、营造的过程，现存的水网街区体现了对时代发展中空间、功能的适应，暗含了传统街区中活力的关键特征及规律，对街区"空间—社会"秩序的塑造和活力引导具有重要价值。针对街区尺度失控、失衡、落后等问题，大规模的推倒重建不合实际，可立足地域，结合水网等外部空间要素嵌入对街区结构进行二次划分，"织补"肌理、传承文脉、激发街区活力。

（2）关注使用者需求

街区作城市生活的基本单元，其空间结构承载了社会生活的多重内涵，物质空间的重构应关注使用主体的需求。除利用可展示使用者空间行为特点的计算软件和分析方法外，还可引入公众参与和多元主体协作，实现规划引导、外部借力、公众参与等多方协同，促进"空间形态—功能效率—社会效能"的系统提高。

（3）科学引导精准切入

城市格局的整合涉及多层级的复杂要素，存在"牵一发而动全身"的"局部—整体"互动，可发挥量化分析的科学性与系统性优势，为街区重构提供可行方案与思路；利用数字化平台的模拟预判优势，探索有力触发点，精准切入街区重构和城市格局整合，使之与城市发展方向一致。

需要指出的是，本章研究重点探讨了以水系为代表的外部空间对城市及其街区有机整合营建的作用，此方法亦可拓展应用于其他类型的城市要素研究中。

6

结语与展望

在"城市—街区—要素"的多层级复杂系统中,针对实体"正形"的操作受到诸多限制,而从外部空间要素切入具有诸多优势。在此过程中,可基于数字化平台进行数据获取、量化分析、模拟预判等,为街区营建的活力激发、新旧共构、格局整合提供科学依据与可行思路。

6.1 数字化研究助力活力营建要点

在具体操作中,本研究立足地域,选取典型样本进行探索性研究。首先尝试从街区活力影响评价入手,选取滨水街区、历史文化街区,从"空间—行为""空间—人文"角度进行多元评价;其次,探索利用互联网数据平台,对城市新旧共构涉及的"地方认同感"及"改造再利用价值"进行评价;最后,在城市格局层面,在水与城市共构发展的基础上探索地域性"河街"格局的退化问题以及复兴可能,在街区重构层面,提出发掘并利用城市建成区既有或潜在的外部空间要素,探索开放性、小尺度的结构营建。

通过上述几个层面的探索性研究,可以归纳出数字化分析助力活力营建中要注意的几个方面的协同。

6.1.1 系统性营建与精准化切入相结合

城市作为一个复杂的巨系统,其有机发展可比拟人类社会的进化,需要以整体性、可持续发展的思维进行引导,整体考虑与长远规划设计相结合。活力营建需要充分考虑城市的发展定位、空间特征、产业特点,并进行合理的引导。基于"城市—街区—要素"的系统互动,以精准化的小规模切入与多点协调相结合,对城市结构进行优化,减少城市"遗弃"角落,激活"失落的空间",避免城市建设因缺乏系统考虑而导致的"创造性破坏"问题。

精准化的切入应当建立在对街区现状深入调研的基础之上,这需要我们综合利用多方资源,采用科学的分析评价方法,全面了解街区空间活力丧失的问题并找到"症结"关键节点。此外,需要关注使用者的诉求,结合整个区域的发展规划,战略性地选择适宜节点,从单点介入到多点协调,共同推进城市街区的活力营建。

6.1.2　物质空间与非物质内涵共构

　　城市的复杂性决定了街区的物质空间与非物质内涵共构的特点，街区作为各种物质、信息、能量的载体和聚合体，表现为具有多层级、复杂性的系统[251]，并从经济、社会、文化等方面反向影响着城市的生成与发展[252]。随着城市的飞速发展，街区作为城市物质环境和居民社会生活的载体，其活力营建不仅要关注物质空间层面的建设，也要结合街区中空间、文化、行为的有机互动，推进环境、经济、社会等方面的共同构建。利用多元数据信息来源，构建科学合理的评价体系，为街区的非物质营建提供参考，并采用数字化平台进行量化分析，模拟、展示物质空间构建与街区社会活动之间的有机互动，推进街区的物质空间与非物质内涵共构。

6.1.3　自上而下与自下而上共进

　　活力营建是一种自下而上的"战术"，是立足地域资源解决城市问题的策略，是对传统自上而下的开发、改造、更新方法的重要补充。不同于自上而下的大规模城市规划，活力营建更多依赖于地方资源，关注街区使用主体的需求，提倡从外部空间等城市要素精准切入，旨在激发城市的自组织作用以引发更大范围的良性有机发展。采用小规模、自下而上的措施，"以人为本"推进城市空间环境的系统改善。这一过程避免了自上而下的规划模式可能存在的烦琐流程以及滞后现象，有利于发掘城市街区的内生活力；有利于满足城市居民对城市空间、功能等方面的需求，且对于激发城市活力、延续城市文脉、提高城市设计的可操作性具有重要意义。

6.2　反思与展望

　　本研究在国家自然科学基金项目"城市小街区重构中的外部空间多变

251　这种复杂性的本质主要是由人类社会生活的多样性和长期以来形成的城市文化的多元性决定的，包括宏观和微观、内部与外部、物质与非物质的多重构成因素。

252　城市社会学视野中的城市活力是由经济活力、社会活力、文化活力三者构成，以经济、社会、文化活动进行表征；而建筑学的研究旨在通过设计手法来营造空间活力。本研究参考国内外街区活力量化评价指标体系的构建，从活力表征及活力构成两个维度展开研究。

量数字化分析与评价——以长江三角洲地区为例"（项目编号：51808365）的支持下，立足地域特点，利用高校的研究实践平台开展了一系列探索，指导研究生团队与本科生团队省级重点科研项目若干，展开了多项调研活动，并尝试用本文所倡导的量化分析方法指导相关的城市研究，积累了大量一手资料，但是也存在诸多不足。具体可在以下几个方面进行拓展。

6.2.1 数据拓展

利用数字平台可以极大地减少因主观判断带来的偏差，但是量化分析多根据历史数据来进行，这些数据可能缺乏足够的多样性和长时间的积累，导致样本分析出现误差（样本数量太少）或偏差（取样非随机）。因此，数字化分析的模型构建、权重赋予、归纳总结等环节需要结合城市发展规律来进行，避免数据偏差与过拟合（错误归因）导致的结果偏差。如在2019—2021年采集的数据多受疫情的影响，后续研究可扩充数据量，并在此基础上获得参考性更强的相关性规律总结。

6.2.2 视角拓展

城市社会学一般认为城市活力是由经济、社会、文化三个方面构成，认为城市空间活力是经济、社会、文化活动的空间表征；而建筑学多认为城市空间活力是可以通过设计手法来营造的，更多关心"空间"和"人"的互动。本研究综合国内外研究对活力量化评价指标体系的构建情况，从城市设计和建筑学的角度，对街区的空间构建、行为引导、文化传承等方面进行综合研究[253]。后续研究可从城市的宏观经济、政策法规、宗教文化、地方习俗等方面进行视角拓展，增加各方面指标，建立更全面、更完善的街区活力相关量化评价指标体系，形成更为深、入系统的综合研究。

6.2.3 方法拓展

利用互联网数据和数字化平台，可进行现代化的数据收集与分析，对多层次的复杂问题进行系统梳理、降维分析。但是由于数据自身及获取渠道的局限性，容易存在片面性等问题，本研究尝试用多渠道信息叠加印证，量化分析与实地调研相互补充以提高分析的科学性。在研究方法拓展方面，

---

[253] 本研究的相关实证中，考虑到社会、经济等因素的跨学科调研存在实际困难，难以获取准确数据，本阶段研究的重点在于空间形态和人的感知行为方面，尚未对社会和经济等因素进行深入研究，后续延伸研究可在此基础上进行拓展。

可以通过多平台、多类型的数据采集,为城市的定量研究提供更丰富的依据。如未来可借助手机信令数据、互联网打卡数据等对选择性活动强度进行定量记录,引入 AI 智能分析系统 [254],利用 SQL[255] 访问和处理数据系统中的数据、Datahunter 等 BI 工具进行数据分析 [256] 以及利用 SAS 分析 [257] 等进行拓展。根据研究重点的不同,针对性地选取合适的量化分析方法进行相互印证,提高分析的科学性与可靠性。

---

[254] AI 智能分析系统,运用统计学、模式识别、机器学习、数据抽象等数据分析工具从数据中进行统计分析。

[255] SQL(Structured Query Language)结构化查询语言,是一种基于特殊目的的编程语言,是一种数据库查询和程序设计语言,用于存取数据以及查询、更新和管理关系数据库系统。结构化查询语言、语句可以嵌套,这使它具有极大的灵活性和强大的功能(参见百度百科)。

[256] 国外 BI 工具有 Tableau、Qlikview、PowerBI,国内以 Datahunter、Smartbi 等工具为代表;BI 工具具有灵活的数据交互和探索分析能力。对大数据有更好的支持,对海量数据块能快速响应。

[257] SAS(STATISTICAL ANALYSIS SYSTEM)统计分析系统,基本上可以分为四大部分:SAS 数据库部分、SAS 分析核心、SAS 开发呈现工具、SAS 对分布处理模式的支持及其数据仓库设计。

参考文献

中文文献

[1] 比尔·希列尔，朱利安妮·汉森.空间的社会逻辑 [M].杨滔，封晨，盛强，等译.北京：中国建筑工业出版社，2019.

[2] 段进，比利·希利尔.空间句法在中国 [M].南京：东南大学出版社，2016.

[3] 张芳.城市逆向规划建设：基于城市生长点形态与机制的研究 [M].南京：东南大学出版社，2015.

[4] 戴晓玲.城市设计领域的实地调查方法：环境行为学视角下的研究 [M].北京：中国建工出版社，2013.

[5] 张永和.小城市，作文本 [M].生活·读书·新知三联书店，2012.

[6] 胡正凡，林玉莲.环境心理学：环境—行为研究及其设计应用（第3版）[M].中国建筑工业出版社，2012.

[7] 杨贵华.自组织：社区能力建设的新视域 [M].社会科学文献出版社，2010.

[8] 吉勒斯·德·比尔，王建武.克里斯蒂安·德·鲍赞巴克 [M].北京：中国建筑工业出版社，2010.

[9] 罗杰·特兰西克.寻找失落空间 [M].朱子瑜.等译.北京：中国建筑工业出版社，2008.

[10] 段进，比尔·希列尔.空间句法与城市规划 [M].南京：东南大学出版社，2007.

[11] 蒋涤非.城市形态活力论 [M].南京：东南大学出版社，2007.

[12] 史蒂文·蒂耶斯德尔，蒂姆·希思.城市历史街区的复兴 [M].北京：中国建筑工业出版社，2006.

[13] 布鲁诺·赛维.建筑空间论：如何品评建筑 [M].张似赞，译.北京：中国建筑工业出版社，2006.

[14] 史蒂夫·蒂耶斯德尔，蒂姆·西斯，塔内尔·厄奇.城市历史街区的复兴 [M].张玫英，董卫，译.北京：中国建筑工业出版社，2006.

[15] 刘易斯·芒福德.城市发展史：起源、演变和前景 [M].倪文彦，宋俊岭，译.北京：中国建筑工业出版社，2005.

[16] 简·雅各布斯.美国大城市的死与生 [M].金衡山，译.南京：译林出版社，2005.

[17] 柯林·罗.拼贴城市 [M].北京：中国建筑工业出版社，2003.

[18] 凯文·林奇.城市形态 [M].林庆怡，译.北京：华夏出版社，2003.

[19] 伊恩·本特利.建筑环境共鸣设计 [M].纪晓海，高颖，译.大连：大连理工大学出版社，2003.

[20] 克里斯托弗·亚历山大.建筑的永恒之道 [M].赵冰，译.北京：知识产权出版社，2002.

[21] 克里斯托弗·亚历山大.建筑模式语言 [M].王昕度，周序鸣，译.北京：知识产权出版社，2002.

[22] 克里斯托弗·亚历山大.城市设计新理论 [M].陈治业，童丽萍，译.北京：知识产权出版社，2002.

[23] 杨·盖尔.交往与空间 [M].何人可，译.中国建工出版社，2002.

[24] 凯文·林奇.城市意象 [M].方益萍、何晓军，译.北京：华夏出版社，2001（1959）.

[25] 克莱尔·库珀·马库斯，卡罗琳·费朗西斯.人性场所：城市开放空间设计导则 [M].俞孔坚，孙鹏，王志芳，等译.北京：中国建筑工业出版社，2001.

[26] 韩冬青，冯金龙.城市·建筑一体化设计 [M].南京：东南大学出版社，1998.

[27] 韦恩·奥图，唐·洛干.美国都市建筑:城市设计的触媒[M].王劭方，译.台北：创兴出版社，1995.

[28] 特伦斯·霍克斯.结构主义与符号学 [M].瞿铁鹏，译.上海：上海译文出版社，1987.

[29] 芦原义信.外部空间设计 [M].北京：中国建筑工业出版社，1985.

[30] 中国房地产业协会人居环境委员会、中国建筑标准设计研究院有限公司和中国城市规划设计研究院等.绿色住区标准（T/CECS 377—2018）[S]. 2018.

[31] 中国城市规划设计研究院等.城市居住区规划设计标准（GB 50180—2018）[S]，中国建筑工业出版社，2018.

[32] 曲冰.基于数字技术的集约型城市街区形态评价与优化方法研究 [D].东南大学，2020.

[33] 董嘉.居住型超级街区功能布局与街道网络的关联性量化研究 [D].东南大学，2020.

[34] 顾家碧.基于大数据技术的历史街区空间活跃度提升策略研究 [D].哈尔滨工业大学，2020.

[35] 陈心宇.活力提升视角下的城市滨水空间景观设计研究 [D].北京林业大学，2019.

[36] 曹翔.苏州平江历史文化街区滨水节点空间 POE 及优化策略研究 [D].苏州科技大学，2019.

[37] 张露.活力视角下的城市滨水空间解析模式探讨 [D].东南大学，2018.

[38] 徐晓洁 . 西安历史文化街区景观的活力复兴规划设计研究 [D]. 西安建筑科技大学，2018.

[39] 刘其东 . 街道文脉的保护与评估研究及其应用 [D]. 南京：东南大学，2017.

[40] 中共中央国务院关于进一步加强城市规划建设管理工作的若干意见 [Z]. 北京：新华社，2016-02-06；

[41] 葛梦莹 . 分形与连接：关于城市街道网络形态演变的研究 [D]. 大连理工大学，2016.

[42] 路天 . 活力营造视角下的历史地区功能空间复兴探讨 [D]. 东南大学，2016.

[43] 郭亚楠 . 苏州古城边界滨水空间形态活力研究 [D]. 苏州大学，2015.

[44] 李德明 . 城市近水性滨水公共空间活力塑造方法研究 [D]. 天津大学，2012.

[45] 张芳 . 城市生长点形态与机制研究 [D]，东南大学，2012.

[46] 臧慧 . 城市广场空间活力构成要素及设计策略研究 [D]. 大连理工大学，2010.

[47] 高碧兰 . 城市滨水区公共开放空间规划设计浅析 [D]. 北京林业大学，2010.

[48] 李秉宇 . 基于活力提升的重庆滨水区公共空间规划研究 [D]. 重庆大学，2010.

[49] 张沛佩 . 城市滨水空间活力营造初探 [D]. 中南大学，2009.

[50] 常猛 . 城市滨水区改造人性化设计思索 [D]. 天津大学，2007.

[51] 黄烨勃 . 基于街区尺度适宜性的城市设计研究 [D]. 广州：华南理工大学建筑学院，2008.

[52] 王剑锋 . 城市空间形态量化分析研究 [D]. 重庆：重庆大学，2004.

[53] 王建国 . 历史文化街区适应性保护改造和活力再生路径探索：以宜兴丁蜀古南街为例 [J]. 建筑学报，2021（05）：1-7.

[54] 叶宇，黄镕，张灵珠 . 量化城市形态学：涌现、概念及城市设计响应 [J]. 时代建筑，2021（01）：34-43.

[55] 刘颂，赖思琪 . 基于多源数据的城市公共空间活力影响因素研究：以上海市黄浦江滨水区为例 [J]. 风景园林，2021，28（03）：75-81.

[56] 张芳，周曦 ."反桥"背景下街区景观重构与场所共生 [J]. 中国园林，2021，37（03）：44-49.

[57] 贾永达，郭谦 . 城市针灸理论研究与分析 [J]. 中外建筑，2021（03）：86-91.

[58] 张芳，叶天爽，刘奇 ."空间—行为"视野下传统滨水街区的活力营造：以苏州古城区传统滨水街区为例 [J]. 中国名城，2020（08）：45-51.

[59] 张雨洋，杨昌鸣，齐羚 . 历史街区街巷活力评测与影响因素研究：以什刹海历史街区为例 [J]. 中国园林，2019，35（03）：106-111.

[60] 张芳 . 地方认同感营造为导向的历史街区保护性更新策略：以苏州山塘街历史街区为例 [J]. 中国名城，2019（06）：80-87.

[61]　张芳，姚鹏飞，周曦."水城共构"理念下历史性城市滨水空间整合层次及设计手法 [J]. 中国名城，2019（03）：51-57.

[62]　贺海芳，郑侃，胡紫腾，卜佳佳.基于地域特色视野下的南昌工业废弃地景观再生设计策略研究 [J]. 工业建筑，2017，47（06）：58-64.

[63]　张海欧.城市工业废弃地改造的生态规划设计：以美国西雅图煤气厂公园为例 [J]. 绿色科技，2017（20）：14-17.

[64]　唐婧娴，龙瀛.特大城市中心区街道空间品质的测度：以北京二三环和上海内环为例 [J]. 规划师，2017（02）：68-73.

[65]　杨俊宴，曹俊.动·静·显·隐：大数据在城市设计中的四种应用模式 [J]. 城市规划学刊，2017（04）：39-46；

[66]　牛强，鄢金明，夏源.城市设计定量分析方法研究概述 [J]. 国际城市规划，2017（6）：61-68.

[67]　周曦，张芳.基于"蓝网"结构的滨水小街区重构解析 [J]. 规划师，2017，33（05）：71-76.

[68]　周曦，张芳.开放街区背景下城市滨水空间更新策略研究：以苏州市为例 [J]. 现代城市研究，2017（11）：38-44.

[69]　黄文华，郭鸿.工业废弃地景观更新模式研究 [J]. 工业建筑，2016，46（08）：69-72.

[70]　蒋楠.基于适应性再利用的工业遗产价值评价技术与方法 [J]. 新建筑，2016（3）：4-9.

[71]　克里斯蒂安·德·包赞巴克.马塞纳新区 [J]. 城市环境设计，2015（Z2）：58-65.

[72]　冯果川.虚实相生：网络公共空间与实体公共空间的纠缠 [J]. 新建筑，2015（6）：135.

[73]　戴晓玲，于文波.空间句法自然出行原则在中国语境下的探索：作为决策模型的空间句法街道网络建模方法讨论 [J]. 现代城市研究，2015（4）：118-125.

[74]　张芳，周曦.以"负"为"正"的开放空间整合城市策略：以巴黎贝尔西公园启动的巴黎左岸城市生长为例 [J]. 现代城市研究，2015（11）：7-13.

[75]　洪杰，周曦.恢复水网显性的江南水乡城市滨水用地规划调整方法研究 [J]. 规划师，2014（2）：85-90.

[76]　李哲，集约型城市外部空间环境量化设计路径研究 [R]. 数字景观：中国首届数字景观国际论坛，2013.11.

[77]　汪海，蒋涤非.城市公共空间活力评价体系研究 [J]. 铁道科学与工程学报，2012，9（01）：56-60.

[78]　黄烨勃，孙一民．街区适宜尺度的判定特征及量化指标 [J]．华南理工大学学报（自然科学版），2012（9）：131-138．

[79]　荣丽华，杜明凯，马慧渊，吕慧芬．以实施为导向的街区更新设计策略：以呼和浩特市乌兰察布街综合整治规划为例 [J]．规划设计，2012（12）28：33-36．

[80]　钱芳，金广君．基于可达的城市滨水区空间构成的句法分析 [J]．华中建筑，2011，29（05）：109-113．

[81]　苟爱萍，王江波．基于 SD 法的街道空间活力评价研究 [J]．规划师，2011，27（10）：102-106．

[82]　黄骁．城市公共空间活力激发要素营造原则 [J]．中外建筑，2010（02）：66-67．

[83]　陈喆，马水静．关于城市街道活力的思考 [J]．建筑学报，2009（S2）：121-126．

[84]　刘云，王德．基于产业园区的创意城市空间构建：西方国家城市的相关经验与启示 [J]．国际城市规划，2009，24（1）：72-80．

[85]　刘珊．环境—类型—精神—建筑外部空间设计的核心问题 [J]．南京艺术学院学报，2009（1）：123-129．

[86]　陈仲光，徐建刚，蒋海兵．基于空间句法的历史街区多尺度空间分析研究：以福州三坊七巷历史街区为例 [J]．城市规划，2009（8）：92-96．

[87]　田燕，黄焕．城市滨水工业地带的复兴：巴黎左岸计划与武汉龟北区规划之对比 [J]．华中建筑，2008，26（11）：188-191．

[88]　张芳，晨光．1865：浅谈特殊历史地段的建筑设计传承文化记忆 [J]．建筑与文化，2008（06）：84-86．

[89]　武联，沈丹．历史街区的有机更新与活力复兴研究：以青海同仁民主上街历史街区保护规划为例 [J]．城市发展研究，2007（02）：110-114．

[90]　王建国，蒋楠．后工业时代中国产业类历史建筑遗产保护性再利用 [J]．建筑学报，2006（8）：8-11．

[91]　于泳，黎志涛．"开放街区"规划理念及其对中国城市住宅建设的启示 [J]．规划师，2006（02）：101-104．

[92]　蔡军．关于城市道路合理间距理论推导的讨论 [J]．城市交通，2006，4（1）：55．

[93]　葛坚．外尾一则，GE Jian．基于计算机和互联网技术的市民参与新形态 [J]．城市规划，2005（7）：66-70．

[94]　肯尼斯·弗莱普顿．千年七题：一个不适时的宣言——国际建协第 20 届大会主旨报告 [J]．建筑学报，1999（08）：11-15．

[95] 陈志高.外部空间的完整性 [J].建筑学报，1988（09）：22-25.

[96] 克里斯托弗·亚历山大.城市并非树形 [J].严小婴，译.建筑师，1985（6）：206-224.

外文文献

[97] Donovan Jenny. Designing the Compassionate City：Creating Places Where People Thrive[M].Taylor and Francis：2017.

[98] Reid Ewing，Otto Clemente .Measuring Urban Design：Metrics for Livable Places[M]. Washington，DC：Island Press.2013.

[99] Giovanna Acampa，Sergio Mattia.Marginal Opportunities：The Old Town Center in Palermo [J]. 2016.

[100] Rick Hoogduyn. Urban Acupuncture "Revitalizing Urban Areas by Small Scale Interventions" [J]. 2014.

[101] Girling Cynthia L，Ronald Kellett. Skinny Streets and Green Neighborhoods：Design for Environment and Community[M]. Washington，D.C.：Island Press，2005.

[102] Alessandro Aurigi.Making the Digital City：The Early Shaping of Urban Internet Space[M]. Ashgate Publishing Limited；New edition，2005.07.

[103] Michael Southworth，Eran Ben Joseph. Streets and the Shaping of Towns and Cides[M].Island Press，Washington，DC，2003.

[104] Matthew Carnlona，Tim Heath，Taner Oc，et al. Public places—Urban Spaces：The Dimensions of Urban Design[M]. Burlington：Architectural Press，2003：82，85—86.

[105] A Chemetoff，B.Lemoine. Sur Les Quais[M].Paris：Ed. Du Pavilion De L'Arsenal 1998.

[106] Katz P，Scully V J，Bressi T W. The New Urbanism：Toward an Architecture of Community[M]. New York：Mc Graw-Hill，1994：23-47.

[107] David Pearce，Dominic Moran. The Economic value of biodiversity[M]. Cambridge：Earthscan Ltd. ：1994.

[108] Dreif. Le Schema Directeur De La Region IleDe-France[M].Paris：Dreif 1994.

[109] Burtenshaw D，Bateman M，Ashworth G J.The European City：A Western Perspective[M]. London：David Fulton Publishers，1991.

[110] Jacobs J. The Death and Life of Great American Cities[M]. New York：

Vintage，1961：56-134.

[111] Mona Jabbari，Fernando Fonseca，Rui Ramos. Combining Multi-criteria and Space Syntax Analysis to Assess A Pedestrian Network：The Case of Oporto[J]. Journal of Urban Design，2018，23（1）.

[112] Zhang Fang，Zhou Xi.Strategies and Tectics of Integrating Water with City in the Urbanization of Jiangnan Region. 2017UIA [C]. 2017（09）：56.

[113] Zhang Fang，Zhou Xi.Research of the Evaluation Model of Urban External Space from the Perspective of Internet.2016ISAIA[C].2016（09）：537-540.

[114] Noah J. Toly.Cities of Tomorrow and the City to Come：A Theology of Urban Life[M]. Zondervan.2015.

[115] WANG Qin，CHEN Xiaogang.Approaches of Integrating Outdoor and Indoor Spaces of Urban Landscape Buildings[J]. Journal of Landscape Research. 2015（04）：17-19.

[116] Reid Ewing Otto Clemente .Measuring Urban Design：Metrics for Livable Places[M]. Washington，DC：Island Press.2013.

[117] Jones P，Evans J. The Spatial Transcript：Analysing Mobilities Through Qualitative GIS[J]. Area，2012，44（1）：92 - 99;

[118] Gross M J，Brown G. An Empirical Structural Model of Tourists and Place：Progressing Involvement and Place Attachment into Tourism[J]. Tourism management，2008，29（6）：1141-1151.

[119] 박민규, 김시곤 . 광역철도 좌석형급행열차 도입 타당성에 관한 연구 - 경춘선 복선화구간 중심으로 -[J]. 한국철도학회: 학술대회논문집, 2008：1447-1457.

[120] Hou J S，Lin C H，Morais D B. Antecedents of Attachment to A Cultural Tourism Destination：The Case of Hakka and No-Hakka Taiwanese Visitors Pei-pu[J]. Annals of Travel Research，2005，44（2）：221-233.

[121] Hillier B，Iida S. Network Effects and Psychological Effects：A Theory of Urban Movement[C]. 5th Space Syntax Symposium. Delft，2005.

[122] Montgomery J. Making a City：Urbanity，Vitality and Urban Design[J]. Journal ofUrban Design，1998，3（3）：93-116.

[123] Thach S V，Axinn C N. Patron Assessments of Amusement Park Attributes[J]. Annals of Travel Research，1994，32（30）：51-60.

[124] Hu Y，Ritchie R，Measuring Destination Attractiveness：A Contextual Approach[J]. Annals of Travel Research，1993，31：25-34.

致谢

本书延续了始于博士期间的研究方向，即将完成，感慨良多。虽然离开母校良久，但是博士期间齐康院士和 Pierre Clément 教授的教导与帮助，使我受益匪浅，两位导师高屋建瓴的专业指导与严谨的治学态度对我影响至深。在此，谨向导师表示崇高的敬意和衷心的感谢！

感谢国家自然科学基金的资助，感谢"十三五"江苏省重点学科（建筑学）、江苏省优势学科建设项目的资助，使我后续的研究得以延伸。尤其是要感谢苏州科技大学建筑与城市规划学院和中国建筑工业出版社的同事和朋友们，共同促成了本书的出版！

感谢研究团队中可爱的研究生和本科生们，你们是我团队中最新鲜的血液，是团队进行探索性研究的直接参与者。研究生团队：姚鹏飞、刘奇、叶天爽、余秋雨、钱芳、季旻瑶、赵致远、芦胜、周君、朱柳蒙、王春晖、耿望斌、夏芸等；本科生团队：郭梓良、孙怡、刘洋、袁佳，钱小玮、姚浩然、王若轩、霍凡、商子琦等。团队在国家自然科学基金的支持下展开了多项探索性研究，为本书成稿积累了大量的一手调研分析资料；团队不少同学已经毕业，或继续深造或奋战在设计实践的一线岗位，愿你们不忘初心，归来仍是少年！

最后感谢家人为我提供了最强大的精神支持；感谢长期与我共同奋战在科研和实践一线的丈夫和弟弟，在我陷入迷茫停滞之时给予我莫大的鼓励；感谢近在身边默默支持，以及远在大洋彼岸遥相牵挂的朋友；感谢所有朋友的鼎力支持！

张芳
2021 年 10 月于苏州·枫桥